板带连轧图形模块系统仿真

郑申白 著

北 京

冶 金 工 业 出 版 社

2015

内 容 提 要

本书详细介绍了在 MATLAB 平台下，采用方块图编程方法，对单架轧机和 7 架热连轧过程实现数字仿真的研究成果。内容主要包括：轧制模块编程方法、自平衡计算、电机系统建模、牌坊建模、液压压下建模、活套支撑器建模、轧辊挠曲和辊型控制建模、速度差张力建模、传动轴扭振建模以及单机架各种 AGC 仿真比较、单路连轧系统仿真和双路连轧跑偏仿真方法等。

方块图编程方法操作简单，容易查找修改，适合轧制反复调试的需要。在个人计算机上运行成本很低，为深入研究轧制仿真技术带来便利。

本书可供轧钢技术人员、工艺操作人员阅读，也可供从事轧机厚度控制及轧制过程研究的人员和大专院校有关专业的师生参考。

图书在版编目 (CIP) 数据

板带连轧图形模块系统仿真/郑申白著 . —北京：冶金工业出版社，2015.8
ISBN 978-7-5024-7004-3

Ⅰ.①板…　Ⅱ.①郑…　Ⅲ.①板材轧制—连续轧制—系统仿真　②带材轧制—连续轧制—系统仿真　Ⅳ.①TG335.5

中国版本图书馆 CIP 数据核字 (2015) 第 189431 号

出 版 人　谭学余
地　　址　北京市东城区嵩祝院北巷 39 号　邮编　100009　电话　(010)64027926
网　　址　www.cnmip.com.cn　电子信箱　yjcbs@cnmip.com.cn
责任编辑　张登科　李　臻　美术编辑　彭子赫　版式设计　孙跃红
责任校对　卿文春　责任印制　牛晓波
ISBN 978-7-5024-7004-3
冶金工业出版社出版发行；各地新华书店经销；固安华明印业有限公司印刷
2015 年 8 月第 1 版，2015 年 8 月第 1 次印刷
169mm×239mm；10.75 印张；208 千字；160 页
38.00 元

冶金工业出版社　投稿电话　(010)64027932　投稿信箱　tougao@cnmip.com.cn
冶金工业出版社营销中心　电话　(010)64044283　传真　(010)64027893
冶金书店　地址　北京市东四西大街 46 号(100010)　电话　(010)65289081(兼传真)
冶金工业出版社天猫旗舰店　yjgycbs.tmall.com
(本书如有印装质量问题，本社营销中心负责退换)

序

很荣幸为郑申白教授集多年研究心血所著《板带连轧图形模块系统仿真》一书写序。

中国的钢铁工业要自强、自立，以崭新的面貌走向世界，必须立足于高起点和高境界。工艺、设备可以引进和购买国际最领先的技术，大批专业技术人员还得自主培养，如果有方便的学习平台，就能更好地掌握现代轧制技术。轧制仿真可以无消耗、无风险、在计算机上试验，许多国家都曾致力于轧制仿真的开发。国内启动大规模轧制数字化研究也已有二十余年，由于思路不同，计算能力限制，尤其连轧过程本身的复杂性，这一工作至今没有令人满意的突破。

本书作者历经十余年之努力，在单机 MATLAB 平台下，开发出了单屏幕七架图形模块化热连轧仿真平台，模块化编程的引入使过去繁杂枯燥的编程修改工作变得轻松便捷，设备工艺参数输入极其容易，仿真运行十分便利，加上近期四核个人计算机的应用，运算速度大大加快，七架连轧过程仿真运行仅仅几十秒就能完成，极大便利了专业技术人员的使用与开发。多架连轧模块化仿真技术的出现，也为流程仿真的进一步发展创造了机会。

该书详细介绍了作者进行模块化轧制仿真的具体方法，希望从事这一行业的技术人员尝试应用这一软件，开创各种研究课题，解决实际生产问题，推动我国板带连轧技术水平的不断提高。

北京科技大学教授
2015 年 4 月·北京 月亮河

前　　言

　　板带轧制设备庞大，生产任务繁重，对技术人员而言，不易变动工艺参数和设备参数。对设备结构不同，维护保养不同的现场，在研究机械电气最佳参数或各种 AGC 控制规律时，常常缺乏可比性。仿真研究轧制生产过程具有设备条件一致、无消耗、无风险、立刻获得仿真结果等优点，因而可作为分析轧制过程的有力工具。

　　轧制过程具有特殊的复杂性，单机架轧制本身就与设备形式、设备状态、压下负荷大小等因素有关。轧制参数还具有关联性，如轧制力变动带来辊缝、轧件速度、辊型的相互影响，各参数始终处于相对的自平衡之中，如压扁弧长与轧制力相互平衡，轧制力与出口厚度相互平衡等，连轧过程还存在连轧张力与速度相互平衡。这些不但使轧制仿真具有特殊性，也使原料厚度、抗力、张力等参数的轻微不同，就使轧制结果大相径庭。所以轧制仿真需要大量调试，如果编程平台不便于查找修改，就难以完成仿真任务。

　　从自动控制闭环角度来看，连轧轧制存在多个闭环控制，如每架轧机有转速闭环控制、辊缝位置闭环控制系统、轧件出口厚度闭环控制系统、活套高度控制，整体则有测厚仪监控 AGC，这些使连轧仿真系统稳定性分析相当困难。

　　另外，一些轧制模型不很准确，模型因子不够全面，初始数据稍有改变便不能正确反映实际轧制过程，因而许多精心开发的软件无法用于研究各种场合的实际轧制过程，多年来缺少符合实际应用的理想软件。

　　模块化编程是第三代编程方法，它采用鼠标调用方块图的方式编程，像搭积木一样搭建仿真系统，给组织系统和查找修改带来极大便利。工艺人员经过简单学习，就能理解已建模块功能和算法，以自己的经验和现场实际，修改模型参数或结构，实现个人设计的轧制算法。

本书主要介绍了在 Simulink 平台下构成七机架热连轧，实现连续精轧轧制仿真。系统无需复杂的矩阵方程，运行类似轧件依次咬入，一架一架递进计算，实现热连轧过程的动态仿真。本仿真在个人微机上操作，与采用多级多计算机仿真平台相比，上机运行自由，有利于普及和推广。本仿真针对热带连轧过程，经过替换模型，也可用于冷轧。

本课题研究在河北省钢铁联合基金的支持下进行，多年来为课题开发做出贡献的还有研究生张鹏程、杨跃辉、贾立辉、杨勇、夏中山、李增丰、周森、温慧、柳世杰、李欣等，在此一并表示感谢。

本书介绍的经验压下分配算法、速度差张力计算、跑偏计算、活套支撑器模型都是作者独立建立，难免存在不足。利用数字仿真研究实际轧机还有不少问题有待解决，本书的出版希望起到抛砖引玉的作用，一方面使仿真具有更好的通用性，另一方面解决更多的实际课题。作者诚恳希望业内同行关注这一领域，使轧制仿真向实用化推进。

作 者

2015 年 4 月于华北理工大学

目　　录

1 || 轧制过程计算机仿真概论

1.1 仿真技术概述

在科学试验中，为减少人力、物力和财力的浪费与风险，人们常常采用各种系统仿真技术，先期进行试验，查验设计效果。系统仿真涉及相似论、控制论、计算机科学、系统工程理论、数值计算、数理统计、时间序列分析等多种学科。

1.1.1 仿真分类与作用

系统仿真分物理模拟与数字仿真，其中数字仿真是建立数学模型，在计算机上完成试验。在当今许多工程领域，人们努力开发工程专业数学模型，实现局部或系统的过程仿真，或对已有过程模型，改变其算法结构或优化参数，为实际运行提供帮助。

1.1.1.1 仿真分类

按照实现方式的不同可以将系统仿真分为如下几类：

（1）实物仿真：又称物理仿真。它是指研制某些实体模型，使之能够重现原系统的各种状态。它的优点是直观形象，细节基本面面俱到，不易遗漏。但是为系统构造一套物理模型，有时将是一件非常困难的事情。例如为了研究飞机翼型，在建立翼型的比例模型后，还要建立强力风洞，以便对空中气流环境实现模拟，显然其投资很大，周期长，且灵活性差。有时模型体积过小，就不能很好地反映原型过程，如金属材料，体积过小，有些性能便发生改变。至于社会系统、经济系统、生物系统则根本就无法用实物做实验。

（2）数字仿真：数字仿真是以本构方程、运动力学、电气技术及相关领域的有关知识为基础，以计算机为工具，借助系统数学模型对真实系统进行模型试验研究的一门综合性技术。它利用物理几何或运动学建立实际过程相关设备的数学模型群，组成与实际对照的计算系统。各种事物一旦建立数学模型，人们便可以更加深入地认识事物，探索系统的运行规律，研究系统的动态特性，并利用事物的变化规律，控制事物的发展进程，从而达到控制和优化系统的目的。

具体做法是用数学语言去表述一个过程，并编制能在计算机上对实际系统进行研究的程序。这种数学表述就是数学模型。数字仿真把研究对象的结构特征或者输入输出关系抽象为一种数学描述（微分方程、状态方程，可分为解析模型、统计模型）来研究，它可以方便地改变系统结构和参数，而且获得结果快，可以在短时间内连续修改参数，得到新方案的试验结论。

数字仿真研究更加具有安全性、灵活性、快速性和经济性。计算机的强大运算能力为数字模型仿真提供了便利条件，目前四核计算机的普及更为复杂运算解除了后顾之忧。

（3）半实物仿真：又称数学物理仿真或者混合仿真。为了提高仿真的可信度或者针对一些难以建模的实体，在系统研究中往往把数学模型、物理模型和实体结合起来组成一个复杂的仿真系统，这种在仿真环节中存在实体的仿真称为半实物仿真或者半物理仿真。这样的仿真系统有飞机驾驶和汽车驾驶的半实物仿真、射频制导导弹半实物仿真等，并且许多模拟器也属于半实物仿真。

计算机仿真是将研究对象进行数学描述、建模编程，且在计算机中运行实现。

按照数字计算机仿真系统与实际系统时间尺度上的关系，又可将其分为如下几类：

（1）实时仿真：仿真时钟与系统实际时钟完全一致。许多仿真应用需要满足实时性，这时往往需要实时操作系统或者专用实时仿真硬件的支持。尤其是连轧轧制过程，张力自平衡就需要实时仿真才能准确描述连轧张力的状态变化，这时要求其他过程闭环仿真也得实时运行。

（2）欠实时仿真：仿真时钟比实际时钟慢。当对仿真的实时性没有严格的要求时，仿真时钟比实际时钟慢，不影响仿真的目的，但在轧制仿真中，如果因为计算速度慢，而造成调整的欠实时，就会使一些变量超出实际允许，造成破坏，如轧制的活套调节就是这样。

（3）超实时仿真：仿真时钟比实际时钟快。当实际系统周期太长时，若采用实际时钟就变得毫无意义，这时就要进行超实时仿真。

1.1.1.2 过程仿真与训练仿真

过程仿真是为复杂工程分析服务的，需要把实际过程的各种状态和相互关系用模型反映出来，通过改变设备、工艺和具体参数，了解系统的不同状态。训练仿真采用各种训练仿真器，如培训原子能电站操作、大型自动工厂操作、汽车与飞机驾驶训练、宇航员的仿真培训、仿真工作台和仿真驾驶舱等。训练仿真器实际上是一种包括计算机、物理模型、实物在内的复杂仿真系统，它们都需要建立过程的数学模型，在计算机中运行，反映实际过程的参数变化。

1.1.1.3 仿真作用

仿真技术具有很高的科学研究价值和巨大的经济效益。首先由于仿真技术在应用上的安全性，航空、航天、核电站等成为仿真技术最早的和最主要的应用领域。特别是在军事领域，水面舰只的动力学性能、各种航空航天飞行器在其设计与定型过程中，都要依靠仿真试验进行修改和完善。其次从仿真的便捷性考虑，由于仿真往往是在计算机上模拟现实系统过程，并可多次重复运行，其经济性十分突出。据美国武器试验统计，采用仿真试验可减少实弹发射试验次数约43%，节省费用达数亿美元。

另外，仿真系统的建立需要不断提升水平，因为许多系统都是复杂综合的，复杂的环境、复杂的过程和复杂的任务，模型初期多数不完备，需要能够逐渐改进系统的功能，进而督促人们对系统加深认识与分析。

归纳起来，仿真技术的主要用途有如下几点：

（1）对系统或其子系统进行性能评价和分析。多为物理仿真，如飞机的疲劳试验。验证系统设计的正确性。

（2）优化系统设计。在实际系统建立以前，通过改变仿真模型结构和调整系统参数来优化系统设计。如控制系统、数字信号处理系统的设计经常要靠仿真来优化系统性能。

（3）系统故障再现，发现故障原因。系统故障的实际再现必然会带来某种危害性，如果能够利用仿真来再现系统故障，则是安全的和经济的。

（4）训练系统操作员。常见于各种模拟器，如飞行模拟器、坦克模拟器等。

轧制生产技术的重要性虽然不如国防军事直接，但仿真可以增加人们对生产过程本质的认识，促进生产高效进行，还是大有帮助的。

1.1.2 仿真算法和仿真软件

1.1.2.1 仿真算法

在建立系统本身的数学模型后，由于计算机只能进行离散的数值计算，因而必须具备得到连续系统的微积分及各种超越函数数值解的离散数学公式，如解微分方程的龙格库塔算法等。它们属于数值计算的内容，数值计算越完善，控制系统处理越快速准确。

通常这些仿真算法并不需要仿真人员去编制，因为这些仿真算法往往已经内嵌于各种面向仿真用途的专用软件中了。但是对这些算法的了解无疑有助于用户更好地完成仿真任务。一般来说，系统仿真算法有如下几类：

（1）集中参数系统仿真算法；

（2）分布参数系统仿真算法；

（3）离散时间系统仿真算法。

1.1.2.2 仿真软件

仿真软件是一类面向仿真用途的专用软件，它可能是多科目通用的仿真，也可能是面向某个领域的仿真平台。

计算机仿真的一般过程可以表述如下：

（1）描述仿真问题，明确仿真目标。

（2）项目计划、方案设计与系统定义。根据仿真目的确定相应的仿真结构（实时仿真还是非实时仿真，纯数学仿真还是半物理仿真等），规定相应仿真系统的边界条件与约束条件。

（3）数学建模。根据系统的先验知识、实验数据及其机理研究，按照物理原理或者采取系统辨识的方法，确定模型的类型、结构及参数。注意要确保模型的有效性和经济性。

（4）仿真软件。根据数学模型的形式、计算机类型、采用的高级语言或其他仿真工具，将数学模型转换成能在计算机上识别运行的程序或模块，也即获得系统的仿真运行软件。

（5）试验。设定仿真实验环境/条件和记录数据，进行实验，并记录数据。

（6）仿真结果分析。根据实验要求和仿真目的对实验结果进行分析处理（整理及文档化）。

根据分析结果修正仿真程序或者修正/改变原型系统，以进行新的实验。模型是否能够正确地表示实际系统，并不是一次完成的，而是需要比较模型和实际系统的差异，不断地修正和验证而完成的。

计算机仿真首先是对构成动态事物变化过程具有影响的各个环节建立相互联系的数学模型，然后在计算机里按照设计顺序加以计算处理，得到各个时间下各环节输出的数据。这些数据可以在同一个时间坐标下描绘出数据曲线，相互对比，便于研究，找出较好的控制方式。图 1-1 所示为一种计算机仿真过程流程图。

（7）编程修改便捷。一方面编程要简单直观，容易理解，另一方面应查找直接，几步到位，或修改或替换。因为任何软件不可能一蹴而就，工程模型也在不断改进，编程平台如果过于复杂，难于记忆，修改起来就很犯怵，新人补充介入更是十分困难，难以持续。

总之，利用仿真平台开展工程研究，可以综合分析过程系统、研究变量间的影响规律和动态联系，缩短研究周期、降低研究成本以及优化参数、减少试验次数，并立即预测结果，甚至直接提高产品质量和系统可靠性，为设备改进提供参考[1,2]。

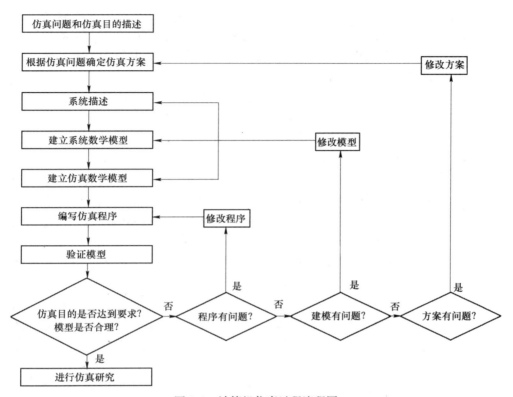

图 1-1　计算机仿真过程流程图

1.2　轧制工艺特点

轧制生产是使铸造钢坯成为各种形状的钢材，这一加工方式具有效率高、产量大的特点，因而在钢材加工生产中为主要加工手段。

轧制时因为有轧制力，辊缝存在弹跳现象，轧件出口厚度取决于已有空载辊缝和轧制时的弹跳，任何影响轧制力的因素都会直接影响到轧件出口的厚度，同时轧制力大小影响轧辊挠度，进而影响轧件出口的凸度。

轧钢过程，特别是带钢热连轧系统，不同于其他生产过程控制，其基本特点有：

（1）需要模型计算。轧制前用给定参数计算辊缝、转速和板型凸度控制设定，需要计算温度、抗力和轧制力。实际轧制因来料与设定不同，出现各道温度、抗力、轧制力的偏差，导致出口轧件厚度、宽度、凸度与设定数值的偏差。

（2）工艺参数之间相互耦合。轧制变形是机架、轧辊和轧件的作用力平衡，连轧还有张力影响，加上板型比例凸度要求和板厚板型之间的密切联系，轧制的许多参数具有相互连锁影响。例如：当自动厚度控制系统调整压下，改变出口厚度时，同时会使出口速度和轧制力发生变化，出口速度变化又引起前后张力变化，间接引起轧制力二次变化，而且共同改变轧辊辊系的弯曲变形而影响辊缝形状，最终影响出口断面形状和带钢平直度（板型）。因此轧制过程的各种调节常常需要有解耦计算和补偿算法。

（3）轧件参数传递性强。轧制总是多道次完成，上一道次厚度和凸度尺寸都会遗传给下一道次，影响后续道次轧制过程和结果。尤其是温度波动，不但影响本架轧件尺寸，还会把尺寸偏差和抗力波动同时传到下一架。

（4）连轧张力自平衡。机架间轧件出入轧机的自然速度如果存在差异，就会产生拉钢张力，速度差如果不改变，张力累积会无限上升。张力反过来会影响轧件出入轧机速度，也影响变形区应力状态。当张力上升使轧件出入口速度相等时，变形过程也就达到运动力学的动态平衡，张力和速度便达到稳定，这称为张力"自平衡"。

（5）轧制控制回路复杂。以带钢热连轧精轧机组为例，有各主电机速度闭环控制、液压缸闭环控制、活套闭环控制、各种厚度自动控制（监控 AGC、前馈 AGC、反馈及偏心补偿）、板型自动控制（前馈及反馈闭环自动板型控制）、主速度（级联）控制、活套张力控制、温度控制，总共将近五十个以上独立闭环控制回路。任一闭环特性改变或模型结构错误，算法考虑不全面，都会导致系统出现一系列偏差。

（6）调节速度快。细、薄的轧件温降快，容易使得轧制时温度不一致，影响整卷轧材的头尾公差。断面越细薄、卷重越大，轧制速度要求越高。热带轧制速度最大已经达到了 25m/s，冷带轧制速度达到了 37m/s。轧制速度越快，要求电机、压下调节响应速度也越快，如现代轧机设备控制及工艺参数控制的周期一般为 5~20ms，液压位置控制或液压恒压力控制系统的控制周期小于 3ms。

（7）控制过程综合性强。工艺水平选择高低、装备制造水平、安装精度、执行机构性能、机电设备调整与维护好坏、压下负荷分配、计算机控制系统结构、计算机模型与算法、通信方式与速度都会客观上影响轧制系统的运行状态和最后产品精度，主观上，操作人员知识水平和操纵能力也是影响因素。

（8）设备状态和摩擦状态时常变化。轧制依靠具体机械设备施加作用力完成，制造、安装、润滑维护的不同水平，大负荷、恶劣环境、长期运行使得设备难以持久工作在理想状态。热轧时轧辊与轧件的摩擦状态也不似冷轧润滑那样比较稳定，轧辊辊面在逐渐变化，而轧件表面的氧化层则是经常变化。这就使得计算机模型仿真时常与实际有很大差距。

建立轧制仿真系统之前，必须对轧制过程有准确的认识。

从工艺上看，张力连轧过程中，带钢起着机架间传递厚度、凸度、温度以及张力的作用，如在连轧时出现的张力，它不但使前后滑发生变动，变形区应力状态发生改变，电机功率发生转移，还使轧件速度达到某种平衡。张力通过变形区轧件向上游和下游传递，使连轧的各架轧机相互影响，成为一个互相联系的整体。

从控制角度来看，连轧控制又是一个具有多环节和多种选择算法的过程。板带轧制时，如果检测压力或厚度参数，并安装液压厚度调整装置，就可以构成多种厚度控制方式。不同的电机、不同传感器、不同的轧机又具有不同的特性，因而在不同装备场合下，研究它们之间的动态联系，比较各种控制方式的优劣，是提高连轧系统的轧制精度所必需的。

从设备情况看，连轧过程的厚度和板型在不同设备水平、不同控制方式、不同的计算通信速度下，具有不同的控制效果。譬如，每架轧机由机架、支撑轧辊、工作轧辊、轴承座、液压平衡及弯辊、传动电机等一系列承载作用力或运动部件组成，各部件在重负荷下具有不同的动态非线性力学特性和响应速度，如在轧辊轴承座两侧存在间隙，自由度便扩大，在不同张力下表现出不同状态，难以用确定模型来规范，它使轧制过程计算完全进入非线性区域，易于发散不收敛，使仿真进入死循环。

从轧制变形上看，即便板带第一道咬入是线性接触，因为金属的最小阻力流动性质，角部总有一些向边部流动，造成端部呈拱形，故从第二道开始，咬入不再是全宽度的线性接触，而是中间少部分金属先接触，形成所谓的"舌头"。道次越多，舌头越长。而且端部舌头的厚度也较小，因为这里的轧件宽度窄，轧制力小，弹跳小，自然厚度略小。虽然头部温度低，抗力大，对舌部减薄有所抑制，但并不能与"舌头"抵消。如果忽略不计，会带来不小的影响。

从机械振动来看，轧机都有拖动系统，有可倾斜传动杆件，它们都有独立和组合的扭转自然角频率，机架、轧辊也都有共振频率，传动连杆有倾斜角，就有周期侧向力，使轧辊上下颤动。如果扭转激励下发生共振，会使轧制很不稳定，轧件表面会出现共振波纹，这在轧制仿真过程应有所体现。

从计算机硬件角度看，采集、计算、通信速度与轧制控制效果有着密切联系。实际轧制速度越高，对调节系统的响应速度要求也越快，计算速度过慢会延迟调节信号，严重影响控制效果。仿真对计算机控制环节要能分析计算时间与通信速率对系统影响。

从计算机计算角度看，数学公式总是十分精密的，对设备描述稍有不确切，初始参数稍有偏差，计算结果就会有很大偏差。例如轧制力计算本身有五项参数，每项参数又需要其他众多参数来决定。于是出现因为抗力、张力、应力状态不同，各参数有增有减，有时结果相近，有时计算结果又相差很大。轧制力波动带来弹跳波动也就是出口轧件厚度波动，这种波动如果远大于现场实际，就必须减少各因子变动带来的影响。

从轧制力计算方法上看，本课题轧制力分两个模块独立进行，初始采用固定出入口厚度计算轧制力并设定辊缝，之后采用轧制的实际厚度计算，前者是一次计算，后者是出口厚度与轧制力相互自平衡的计算。只有包括来料厚度等各项计算参数相近，两个轧制力模块计算的结果才一致。预定张力与实际张力越不一样，轧制力计算的差别就越大。

如果来料厚度两边不一样，还可以分左右两侧并行计算，由此完成轧件跑偏的数值仿真。

1.3 轧制过程仿真概况

世界各国很早就开始利用轧制模型对轧制过程进行计算机仿真。开发轧制仿真程序也能促进对轧制机理的深入研究，因而人们在轧制仿真方面一直在不懈努力。

目前，轧制计算机仿真基本上分三大方向。一是工艺流程仿真，注重全流程工序仿真，利用 3D 动画把加热、粗轧、精轧、冷却在三维平台上展现出来，结合操作动作，实现粗略的生产顺序控制再现，主要用于初级的工艺教学实训演示。这种流程仿真对设备描述简单，注重设备图形空间视场效果，成为初学者感性认识的入门工具。二是组织性能的数值模拟，完全基于微观原子及晶粒的结构变化。三是机电设备控制系统仿真，是对轧机设备带负荷运行的机械过程仿真，需要对机电设备建立动态模型，过程状态如变形、润滑、控制及时性都必须有所描述，部件之间的磨损框量更是不可缺少。

轧制计算机控制系统仿真属于机电设备与工艺仿真，也是局部仿真。如连轧过程动态仿真，是直接从中间坯开始，结合精轧设备状态和压下规程，仿真带负荷带张力的轧制过程。主要用来细致描述连续精轧工艺过程。对冷轧而言，常常采用增量方程，小范围描述轧制参数之间的相互联系。对于热轧，轧件尺寸变化范围大得多，在变动轧件热尺寸和压下率时，需要准确跟踪轧制变形的内在规律，这时对模型要求很高，往往某种调试合理的工作参数（压下分配、出入口速度、张力、轧制力）套用到其他相近的压下规程时，会得出不合理的结果。

这表明许多轧制模型和算法还需要不断改进提高，仿真调试任务量也很大，而模型修改更加需要专业经验，这无疑对编程人员提出了很高的要求。常常因为调试不便，上手困难，最终半路夭折。

不少仿真开发研究单位注重与现场三级计算机控制相对应，按照现场分级，把仿真也分为 0 级、1 级、2 级，分配不同计算任务。计算机硬件 L_0 级为 PLC 设备驱动级，L_1 级主要负责现场过程控制，并有屏幕对话操作，L_2 级为模型预报计算级。而且每两三台轧机用一台计算机模拟，计算机之间有通信联络，力求接近现场计算机控制和轧制过程的仿真再现。但由于使用多台计算机，仿真硬件平台较为庞大，调试不是很方便，硬件成本过高，普及还是十分困难。

实际上，个人仿真试验具有充分的时空自由，故本研究立足于单台计算机对连轧过程的局部仿真，计算模型、设备模型联为一体，实现轧制过程动平衡的状态描述。

另外，数字计算都很精确，类似中性角、应力状态系数这样复杂而近似的公式，往往适用范围极小。多架轧制时，各架轧制计算量的偏差，会向后面计算传递，造成更大偏差，如计算轧制力的五项因子，有一个因子出现偏差，最后轧制力就偏差很大。

1.3.1　轧制参数模型算法的性质

轧制过程是机架、轧辊和轧件的作用力平衡，平板轧制还有轧辊挠曲与板厚板型之间的密切联系，加上连轧还有张力影响，各参数始终处于动平衡状态下。例如：当调整压下，改变出口厚度时，必然会使轧件的出口速度和轧制力同时发生变化，出口速度变化又引起前后速度差的变化，自然张力也就变化，间接引起轧件抗力和轧制力变化，也就改变了轧辊辊系弯曲变形而影响辊缝形状，最终影响出口断面形状和带钢平直度（板型）。因此轧制过程的状态是一种动态平衡关系，这种平衡随时可能变化到新的平衡状态。

另外，轧制理论已经建立许多模型，但它们多数是静态模型，只是一步计算出最后的结果。任何机械系统都有惯性，存在过渡过程，特别在重负荷下，会有不同程度的变形，改变原来高刚度的理想状态。事实上，轧制时的主速度系统、活套系统、窜辊系统、凸度控制、张力系统都有各自的动态负载模型，轧辊还有与轧制力有关的挠曲和弹性压扁现象，使得轧制过程仿真实际上是静态模型的动态使用，时刻处于有载荷的动平衡状态，从而反映受力部件变形的各种过渡过程。

轧机厚度控制和板型控制还有多种算法可供选择性投入，不同算法各自又有不同的优化参数，这些都使得轧制过程综合分析变得极其复杂，需要扎实掌握轧制原理和灵活变动的人机交互界面。

不仅如此，机械与电气线路还各自存在固有频率，它们越接近，越容易出现耦合振荡。

多年来业界开发的仿真软件多数是理想条件下进行的，与设备状态联系不多，考虑参数相互关联的自平衡也少。尤其，一些轧制模型因子不够全面，或简化过多，造成模型不是很准确。常常是在使用现场数据进行调试后，还是不能应用其他压下规程，更不能应用于其他现场，软件不能广泛正确反映实际轧制过程。因而许多开发的软件没有通用性，无法用于研究实际轧制过程。

1.3.2 连续轧制仿真计算的特殊性

尽管利用计算机仿真研究复杂过程及其控制，具有安全、经济、可控、便于观察、无破坏性、可多次重复等一系列的优点，但建立一个复杂轧制过程的简单精确模型并非是件容易办到的事情。

轧制过程自动化涉及传感器、执行器、电力拖动、过程计算机本身及系统结构等硬件，还涉及调节器设置的参数和压下规程的变形分配，因而轧制仿真关联轧制理论、传热理论和控制理论等多学科专业知识。正因为所有机械部件都有惯性，在执行控制信号时产生滞后或超调，而且在共振或重负荷下易于振荡失稳。而计算机则有运算及传递的时间耽搁，这些都使系统控制出现不同的响应。因此，轧制仿真水平不仅与设备模型水平、工艺参数设置合理（压下负荷分配、各架速度设置）有关，还与计算机处理速度有关。

实际连轧是逐道次轧制力与速度、张力自平衡的过程，每咬进一架，在张力的作用下，就会建立新的轧制力、速度、张力与出口厚度大小的平衡。Simulink运算不需要矩阵方程，而是逐机递进反馈计算，时刻查看参数有否变动，一旦有反馈信号变动，就重新开展计算，从而满足多架轧机的逐道多项平衡计算要求。

工艺、设备、负荷分配，计算机配备水平，计算机系统中模型算法和组合方式，计算机速度都对控制效果产生影响，即装置自动控制系统中检测水平、调试参数选择、设备制造材料选择、加工装配精度、负荷大小、执行机构性能、过程对象特点等都对系统的输出好坏产生影响，了解这些影响因素，对编写仿真程序具有重要意义。

1.4 轧制仿真研究现状

1.4.1 国外轧制数字仿真研究

1955 年英国 W. C. Heseenberg 和 Jenkins[3]导出辊缝与辊速变化对板厚和张力影响的运动方程，开始了用数学模拟研究连轧的序幕。1957 年 Philips[4]发表文章，介绍了利用流量方程建立多架轧机的压下与速度变化的矩阵方程，由于连轧各架的流量关系，矩阵方程越来越庞大，达到五架已经无法计算，在当时的计算条件下没有任何结果。

F. Sorin[5]介绍了串列冷连轧全计算机模拟，他们使用 ACSL 连续系统仿真语言，调用 150 个调节器，20 个闭环，其中除活套之外，对连轧的张力、电机、压下机构和机座都加以考虑。ACSL 也具有模块化编程功能，但该平台推广使用不多。

I. R. McDonald[6]在 1993 年发表冷板连轧仿真程序，文中使用了模块化编程方法，但对轧辊位置、轧辊热凸度、电机转速、机架间张力、活套支撑器高度、板带形状都用线性经验方程来描述，适用范围十分有限。许多自平衡影响没有考虑。

1996 年 Jepson O N[7]发表冷连轧的模型仿真论文，文中介绍将电机、连接轴、传动轴、牌坊、带钢等全部看做弹性体模型，从而对轧机振颤展开研究。

1997 年 Frank Feldmann 在《MPT》上发表扁平件轧制仿真论文[8]，用方块图表达出连轧的工艺过程，但没有反映出张力带来的系统整体性。

日本学者早在 20 世纪 60 年代就开始进行轧制过程数学模拟的研究，其中阿高松男、铃木弘、镰田正诚等人对冷、热连轧机组的动态综合特性作了详细的研究[9]。此后，除进一步研究连轧数学模型外，还发展到连轧控制系统的研究上。铃木弘、小西正躬、高桥亮等人把各种连轧数学模型同各种控制模型结合起来，研究评价各种 AGC 所起的作用。

近年来，日本模拟仿真的趋势是向数模高度精确化、控制手段多样化发展，各种先进技术和处理方法（如神经元网络、组织性能预报、专家系统等）纷纷应用于其中。1998 年昆野安彦发表论文，其中除继续应用连轧影响系数法建立多阶微分方程外，还描述了图形模块化方法在轧制仿真中的应用。

2010 年 MATLAB 公司的 MATLAB Central 网站提供的 Rolling Mill Three Stand 模块化三机架连轧仿真样板，轧制工艺路线不够清晰，参数传递比较复杂，活套支撑器动作与实际工艺相差较多，许多关联参数没进行自平衡运算，输出曲线明显与实际不符。

1.4.2　国内轧制数字仿真研究

国内最早研究连轧仿真的是中国科学院数学研究所张永光和钢铁研究总院张进之等人。他们在《自动化学报》上发表论文讨论模拟冷连轧的方法[10]。连轧方程组仅仅围绕轧制力学、运动学，没有涉及设备特性。

20 世纪 80 年代，冶金部自动化所陈振宇在《冶金自动化》发表连轧 AGC 的论文，将仿真研究与设备性能建立联系[11]。论文论及不同轧制力测量滞回效应、压下机械间隙、数字直接控制 DDC-AGC 的采样效应、轧辊偏心效应、张力波动效应，尤其考虑活套 LPR 和主传动 ASR 调速系统，但信息输入不方便，工艺研究深度不够，且仅限于两架轧机。

1994 年，北京科技大学自动化系穆志纯教授在与国外专家合作研究轧机液压缸的动特性基础上，发表了关于压下液压缸、弯辊系统建模的仿真论文[12]，文中对液压系统、轧辊、主传动电机、卷取系统都建立相应模块，实现了简单的单机架仿真。随后又发表针对热带钢速度和厚度控制仿真的论文[13]，用偏差量对热轧活套张力控制系统和主传动速度控制系统进行了计算机仿真，同时研究了轧辊偏心的干扰影响，但模块图没有解决多参数输入问题。

1998 年燕山大学高英杰、王益群、孔祥东在《燕山大学学报》上发表了关于板带 AGC 仿真的论文[14]。论文详细介绍了液压 AGC 的仿真分析，文中用形象四辊来表示轧机。以后还有不少专门研究液压 AGC 的论文，为整体仿真连轧打下基础。

1998 年东北大学自动化研究中心潘学军与山东电力高等专科学校合作开发出以四机架冷连轧为背景的具有一定开放性的仿真软件包[15]。在编程时全面线性化本构方程，还设置接口进行自适应修正，成为少数推向市场的软件之一。尽管软件包开放，低级语言的学习还是相当复杂。

太原重机学院高慧敏 2000 年用 VC 和 VB 语言完成热连轧仿真程序[16]。该仿真系统采用多微机前台/服务模式，仿真现场驱动设备以及一、二级控制系统。由于是低级编程语言完成，整个程序十分庞大，难于解读，继续补充修改难度大，双机通信也成为运行瓶颈。

此外，2001 年东北大学崔建江在《系统仿真学报》上发表论文，讨论了仿真技术在冷连轧系统的应用与发展[17]，认为协调仿真、仿真数据库技术一体化仿真、虚拟现实和智能仿真技术是今后发展方向。这一时期东北大学还发表了多篇关于仿真算法的论文，对仿真数据库及离散时间等技术问题进行探讨。

2002 年燕山大学张伟、王益群等发表《冷连轧机动态过程特性的建模与仿真》论文[18]。文中采用压下系统、速度系统和张力系统三大模块构成轧制系统，将工艺设定与设备联系起来，分析了各种干扰对厚度的影响，但数据输入复杂，编程修改不是很方便。

东北大学谭树彬在《计算机仿真》杂志上探讨冷轧穿带工艺仿真[19]，主要是针对端头没有张力，易于跑偏的咬入阶段制定优化的压下过程，保证各道大压下时的稳定咬入，编程采用 VC ++，界面友好，但扩展修改难度还是很大。

有关宝钢 2030 冷连轧的仿真研究论文主要是介绍使用正式购买的分布式图形化软件 MATRIXx 与 pLUG&SiM 实现多层次分布的协同仿真[20]，软件采用模块化编程，数据输入和修改方便，但该平台价格昂贵，不易推广。

近年来一些学者开发可视化轧制虚拟场景仿真，如针对中厚板实现了轧制的实时虚拟仿真训练[21]，软件考虑辊道电机模型、抛钢模型、转钢动作模型、推床模型、跑偏模型，主要运算在于三维旋转计算。为了提高仿真速度，实现 3D 动画，采用了数字协处理器 DSP 内存映像网卡。尤其对轧制力和厚度实现相互平衡计算，接近现场实际，但与设备工艺没有更深入的联系。

2006 年，北京科技大学王正林博士发表了关于数字精轧机的仿真论文[22]，他们在一台 PC 主机中安装内存映像网卡，所有 I/O 数据和控制信号都来自内存映像网卡的各节点。主机与集线器连接，集线器与多台 L_0 级 PLC 通信，各 PLC 仿真一台轧机，计算结果传回主机。仿真主要针对厚度控制进行，变形区模型全部为小线性段增量方程，在平衡点附近。由于忽略张力，摩擦系数考虑不到位，抗力也无法甄定，预报结果与实际相差很多。

2013年中冶赛迪杜雪飞等人在《轧钢》期刊上发表热连轧流程控制仿真论文[23]，他们注重热带生产的整体流程，也是使用3DMax平台，对加热炉、粗轧、热卷箱等分别建立三维仿真包，包括基础自动化、过程自动化、数据通信、物料跟踪、进程时序等进行实体仿真，从而实现流程仿真，但不能对设备实现具体仿真。

总体上看，轧制仿真一直是从构建增量矩阵方程开始，多数研究冷连轧仿真，随着轧机架数增加，方程更加复杂，缺少轧机、上下辊系、活套支撑器等设备的动特性模型，传动轴及板型控制设备方面未予考虑，编程平台选择未得到足够重视。

实际上，轧制工艺仿真不仅要考虑流量关系，还要考虑轧制各参数形成的特殊机理和相互自平衡的状态，保证预报轧制力符合实际。另外，也要考虑数据输入修改的方便，否则无法在现场普及推广。

1.5 轧制过程仿真编程平台选择与实践

轧制自动化实际上包括对轧制过程进行计算机系统控制和对装置的自动控制两部分。过程计算机控制是对复杂过程运用计算机完成采集、模型计算、实时判断处理、对整个生产系统进行控制管理，这对包括加热、粗轧、精轧、冷却、卷取多个环节相互衔接配合的轧制生产是必不可少的，尤其在高速与高精度轧制时，更需要计算机高速准确地完成算法处理。数字仿真可以在不同阶段采用不同速率进行采集与控制，贴近实际过程的计算机控制。装置自动控制主要指具体设备的闭环控制，它包括拖动系统和伺服系统，使系统可以跟随设定值进行及时调节。其动态响应随设备不同，负荷不同，都有不同的结果。

由于轧制过程极其复杂，人们对过程的认识总是渐进的，尤其板带轧制过程动态特性需要不断改进模型算法，因而仿真平台应当便于继承更新，即仿真系统建立后，还要考虑所有功能模块是否容易修改和补充。

根据编程方法，仿真软件可分为以下三个层次：

（1）代码编程的仿真程序包。由基本代码编写语句的程序包集合，它可能是用通用的语言（C++、FORTRAN等）开发的程序软件包，也可能是依附于某种集成仿真环境的函数库或模块库，包括C++SIM，Mathtools（for MATLAB、C、C++、FORTRAN），SolutionBase（for Delphi）等。使用基本语句代码编程时，除专业问题的描述外，一般微分方程数值解、传递函数识别等，全部需要自己编写。编好的程序成千上万条，功能模块也成百上千，任何新人理解和继承开发学习时间长，上手慢。

采用 VB 语言，使用轧制静态方程编写的仿真程序如图 1-2 所示[24]。

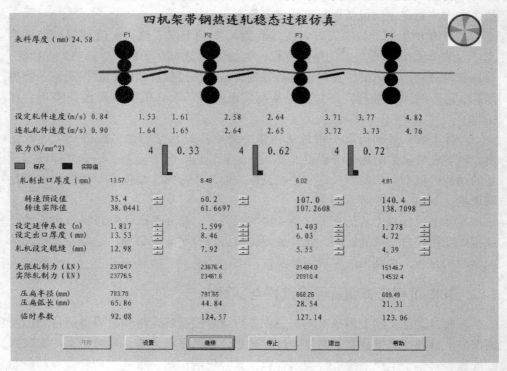

图 1-2 VB 平台下静态模型仿真

从图 1-2 所示界面可以看出，虽然过钢做到随动跟踪，显示逼真，但程序没有涉及设备带负荷的过渡过程，设备都处于无限刚度的理想状态。轧制力为单模块计算，辊缝设置方式与实际不符。尽管操作界面人机交互修改方便，程序模块功能清晰，但上万条程序不容易查找和修改补充，更难以进行传递函数计算。

通用的语言结合现代通信技术，可以构成适合轧制过程仿真的多级多层次仿真系统，但语句庞大，编程复杂，调试也不容易。

（2）仿真语言。仿真语言多属于面向专门问题的实用化语言，它是针对仿真问题，在高级语言的基础上开发的，由机器自动完成由仿真语言到汇编语言的转换。它要求用户掌握特定的编程方式，专业性强，学习难度大。这样的语言有 ACSL，Simscript，Easy5，Adsim 等。每种语言需要专门平台，初期投资大，变换专业方向困难大，需要仔细考虑数学模型到仿真模型的转换，这种平台往往更适合某种专业的需求。

（3）模块化图形编程。模块化图形编程是用方块图形符号来编程的，每个方块图包含各种计算模型，然后使用鼠标，利用已有计算方块，规划专业模块系统，按照实际需要，将各种功能方块用信号连线连接，就组成仿真系统。这一过程极其简单便捷，所建立的专用功能模块重复调用，层次清晰直观，易于阅读修改，被称为第三代编程方式。

这类软件有单机使用的 MATLAB/Simulink、Mideva、Scilab 等集成开发环境。软件使用分为集成开发环境、仿真语言模块、仿真窗体（环境）三个不同的层次，各层次处理不同的问题。集成仿真软件还有多种，如国外 CSSL、CSMP 等，国内有 ICSL 系列、YHSIM 等专用平台。

另外，国外也有大型分布式图形化软件 MATRIXx 与 pLUG&SiM，可以实现多级多层次分布协同仿真。更加适合大型、系统分级仿真编程。

对于轧制仿真而言，多级多层次分布协同仿真，必然要求多机配合工作，不利于普及推广，选用单机运行还是容易满足现场广大技术人员装机使用的要求。

MATLAB 平台下的 Simulink 是一组使用方块图的普及型动态仿真软件。Simulink 为方便编程，提供了许多标准模块和专业功能模块，加上用户创建的专用模块，使用者很容易创建层次化的系统模型。因为是图形功能模块，系统的模块功能十分清晰，复制极为简单。Simulink 准备的集成仿真环境，包括设计、分析、编制系统模型，编写仿真程序，运行、控制、观察仿真实验，记录仿真数据，分析仿真结果，校验仿真模型等。

Simulink 可以识别微分方程或传递函数。无论静态模型或动态方程，都可以反馈平衡计算，完成动态平衡仿真。所以，使用模块化平台后，可以把仿真工作的重点放在建立模型、改进模型算法方面。

综上所述，编制轧制过程仿真软件对可操作性、交互性、结构层次性、继承扩展性和完整性都有格外高的要求。尤其连轧动态过程不仅与连轧前后速度差有关，还涉及机械电气设备的好坏和控制算法的选择，加上众多自平衡的计算任务，需要查找修改方便的平台。

MATLAB/Simulink 软件通用性好，普及广泛，便于入门操作，已经开发出许多跨学科、跨平台的功能强大的软件包。而且，MATLAB/Simulink 采用单机运行，运行自如，运算接近常规方法，因而对于研究板带连轧这类局部仿真，具有独到的优势。

不仅如此，选用较高的计算机配置对节省运算时间极为重要，运行 MATLAB/Simulink，CPU 最好为 Intel 四核计算机，内存 8G 以上。独立显存 1GB，容易完整保存图形曲线。

数字图形化热连轧仿真目前可为现场提供的服务有：

（1）自动分配压下和各架出口线速度，由辊径、前滑自动计算转速。对比现场数据，检查压下规程的合理性，或为现场提供压下、速度控制的操作参考。

（2）按力或力矩优化现场压下，均匀负荷或磨损。

（3）判定电机负荷率，优化负荷，调节电机 PID 参数，修正电机调速响应。

（4）计算传动轴周期侧向力，判定共振角频率，查找辊缝颤动的负荷与共振原因。

（5）设计新型厚度 AGC 算法，比较各种 AGC 算法优劣[7]。

（6）对应牌坊轧机的两侧受力仿真，实现双边轧制力计算，仿真轧件跑偏和张力拉直。

（7）按照比例凸度，分配轧件凸度，并进行弯辊力等设定计算。

（8）操作工上岗实训，理解多架连轧压下、速度、张力、板型控制的相互关联。

工艺人员经过简单学习，就能理解已有模型和算法，迅速以自己的轧制经验和现场实际，修改模型参数或结构，实现个人设计的精轧轧制算法。

参 考 文 献

[1] 康凤举. 现代仿真技术与应用 [M]. 北京：国防工业出版社，2001.

[2] 廖英，陆斌. 仿真语言与仿真软件的现在与展望 [J]. 计算机工程科学，1999，21：8~11.

[3] Heseenberg W C, Jenkins W N. Effects of gauge-setting changes in speed and tension in tandem mill [J]. PROC. Inst. Mech. Engr., 1995, 169: 1051~1058.

[4] Philips R A. Numerical analogy of continuous Rouing [J]. Amer. Inst. Elect. Engr., 1957: 35~36.

[5] Sorin F, Mezencev R. Simulation of a cold-roll-mill [C]. IFAC/IMACS. Simulation of control Systems, 1987: 117~122.

[6] McDonald I R. Dynamic mill simulator [J]. Ironmaking and Steeling, 1993, 20(4): 286~290.

[7] Jepson O N, Kneppe G. System simulation and mill modeling illustrated by the example of chatter in tandem cold rolling mills [J]. MPT International, 1996, 19 (6): 80~85.

[8] Frank Feldmann. Mathematical models for simulation and control in flat rolling mills [J]. MPT international, 1997, 1: 90~94.

[9] ［日］镰田正诚. 板带连续轧制 [M]. 李伏桃，陈岿，康永林，译. 北京：冶金工业出版社，1986.

[10] 张永光，梁永平，张进之，等. 计算机模拟冷连轧过程的新方法 [J]. 自动化学报，1979，5 (3)：177~180.

[11] 陈振宇. 热、冷连轧机 AGC 系统的方针研究 [J]. 冶金自动化，1980 (2)：1~5.

[12] 穆志纯. 现代高速板带轧机的计算机仿真研究 [J]. 系统仿真学报，1994，16 (4)：365~370.

［13］穆志纯. 热带钢轧制速度和厚度控制的计算机仿真研究［J］. 北京科技大学学报，1995，7（1）：17～21.

［14］高英杰，王益群，孔祥东. 轧机液压 AGC 系统动态模型的研究［J］. 燕山大学学报，1998，22（3）：29～32.

［15］潘学军，张承进，柴天佑. 冷连轧过程仿真软件包的研制［J］. 系统仿真学报，1998（2）：20～23.

［16］高慧敏，曾健潮. 热连轧生产过程仿真系统［J］. 系统仿真学报，1998（2）：20～23

［17］崔建江，袁枫华，徐心和. 仿真技术在连轧系统中的应用及发展［J］. 系统仿真学报，2001，13（1）：86～91.

［18］张伟，王益群，高英杰. 冷连轧机动态过程特性的建模与仿真［J］. 工程设计学报，2002，9（5）：271～274.

［19］谭树彬，吴文彬，郝培锋，等. 冷连轧机仿真系统的设计和实现［J］. 计算机仿真，2003，20（8）：36～40.

［20］张大志，凌志，宋勇，等. 2030 五机架冷连轧机动态仿真研究系统［J］. 北京科技大学学报，2003，25（3）：262～265.

［21］陈浩源，穆志纯，刘颖，等. 中厚板轧制操作实时虚拟训练系统中的可视化仿真［J］. 冶金自动化，2005，29（4）：27～30.

［22］王正林，孙一康，彭开香. 带钢热连轧 AGC 系统实时仿真［J］. 冶金自动化，2006，28（2）：171～173.

［23］杜雪飞，彭燕华，郭盛荣，等. 热连轧流程控制仿真平台［J］. 轧钢，2013，30（2）：52～55.

［24］张鹏程. 使用 VB 进行连轧仿真的实践［D］. 唐山：河北理工大学，2006.

② ‖ MATLAB/Simulink 工作平台

2.1　MATLAB/Simulink 简介

矩阵计算十分繁琐，但很有规律。1980 年，美国 New Mexico 大学的 Cleve Moler 博士在讲授线性代数时，利用已有的线性代数计算软件，开发出在 Windows 平台下的矩阵计算专用软件——MATLAB，它是集交互性、多任务功能和图形功能于一体的工具软件，极大便利了矩阵运算和数值计算。1984 年 Moler 博士与其他软件专家合作成立 MathWorks 软件公司，推出了该软件的正式版本[1]。1992 年，为了能够在自动控制领域进行简便计算，又加入了对控制系统方块图形处理的模块化仿真工具 Simulink[2]。

Simulink 是动态系统的数字仿真工具。在 Simulink 平台下，用户可以直接使用鼠标，抓取基本函数方块，布置到工作窗口的合适位置，通过连线连接，构成系统，完成系统建模。这一编程方式使得控制系统的仿真编程任务变得极其容易。运行图形运算系统，还可以实现控制系统的稳定性判定和稳定裕量分析。

对于积分、微分模型，MATLAB/Simulink 软件内部采用龙格库塔等微分方程的数值算法，步长与误差限已经自动优化确定，计算速度较快。用户自建模块可以直接使用微分方程，也可使用传递函数，因而使实物建模也变得十分方便。

另外，用各种功能模块相互搭接，组成功能完整的局部系统时，可以按层次，把一些功能模块归纳为子系统，放到下一层面。这种子系统作用明确，易于检索。

Simulink 所提供的图形化交互工作环境，甚至不需要编写一行代码。它和 MATLAB 的无缝结合使得用户可以利用 MATLAB 强大的计算资源，建立各种实际过程的仿真模型，监控仿真过程，分析仿真结果[3]。MATLAB/Simulink 软件平台在控制系统反馈计算和存储分析等后处理方面都有基本功能模块，适合个人计算机进行多种控制任务的仿真编程。方块图模块仿真语言较语句编程先进许多，算式容易理解，按计算顺序或模块标注就可查找与实际环节对应的功能模块，复制更加容易。

利用 MATLAB/Simulink，系统也易于非线性模型处理，如考虑摩擦中的各个因素、空气阻力、齿轮的传动损耗、限位部件的磨损框量等各种非线性现象的分析。

复合数据线是 Simulink 另一个特长，它用一根信号线就代表一个矢量组，用来传递轧件，正好传递轧件本身的众多参数。

Simulink 还备有空间堆栈区，有两种空间数据传递方式。一种是用写入端口把数据送到指定堆栈，再用读出端口把数据从堆栈中读出来。另一种方法是利用 goto-from 数据对，也可在空间完成传递。后一种方式占据内存少，还能指定局部变量或全局变量，在不同范围里传递数据。这两种方式容易用来表达过程内在的复杂耦合关系。连轧仿真可以用来传递计算好的前张力，形成张力的自然闭环。

Simulink 在交互式控制系统反馈计算、数据输出分析方面都有强大功能，适合个人计算机进行中等规模的多种控制任务的仿真建模分析。更为重要的是，MATLAB/Simulink 作为工具软件，入门完全开放，普及性好。

缺点是软件编译加密和打包都很特殊，但还是很适合复杂系统的模块化仿真，尤其像轧制系统这样集工艺、设备、计算机控制、数学模型、计算机通信于一体的复杂系统。

因此，Simulink 在系统电子类仿真领域中已经得到广泛的应用，许多专用的仿真系统都支持 Simulink 模型，这非常有利于功能模块的开发和移植。

由于 Simulink 具有强大的功能与友好的用户界面，因此它已经被广泛地应用到诸多领域之中，如通信与卫星系统、航空航天系统、生物系统、船舶系统、汽车系统、金融系统等。

利用 Simulink 进行系统的建模仿真，其最大的优点是易学、易用、易再开发，并能依托 MATLAB 提供的丰富计算资源，节省编程时间。

2.2 Simulink 功能简述

Simulink 的常用功能有：

（1）方块图形的编程环境。Simulink 提供了丰富的模块库以帮助用户快速地编写用户系统模型，编程时只需使用鼠标拖放标准模块库中的运算模块并将它们连接起来，就能建立仿真系统。如果建立用户公用模块库，就可多处任意调用，另外，还可以把用户局部专用功能模块划入子系统，建立起分层的多级模型。这种图形化、交互式的建模过程非常直观，且容易掌握。

（2）交互式的仿真环境。Simulink 框图提供了交互性很强的仿真环境，既可以通过下拉菜单执行仿真，也可以通过命令行进行仿真。有了 Simulink，用户在仿真的同时，可采用交互或批处理的方式，方便地更换参数来进行分析仿真。仿真过程中各种状态参数可以在仿真运行的同时通过数字窗、示波器或者利用 ActiveX 技术的图形窗口显示。

（3）专用模块库（Blocksets）。作为 Simulink 建模系统的补充，MathWorks

公司开发了丰富的专用功能块程序包，如 DSPBlockset 和 Communication Blockset 等。通过使用这些程序包，用户可以迅速地对电机、通信等系统进行图块建模、仿真与分析。更重要的是用户还可以对系统模型进行代码生成，并将生成的代码下载到不同的目标机上。可以说，MathWorks 为用户从算法设计、建模仿真，一直到系统实现提供了完整的解决方案。而且，为了方便用户系统的实施，Math Works 公司还开发了实用软件包，如 TI 和 Motorola 开发工具包，以方便用户进行目标系统的开发。表 2-1 列出了 Simulink 的一些软件工具包。

表 2-1　Simulink 的部分软件工具包

DSP Blockset	数字信号处理工具包
Fixed-Point Blockset	定点运算控制系统仿真工具包
Power System Blockset	电力电动系统工具包
Dials & Gauges Blockset	交互图形和控制面板设计工具包
Communications Blockset	通信系统工具包
CDMA Reference Blockset CDMA	CDMA 通信系统设计和分析工具包
Nonlinear Control Design Blockset	非线性控制设计工具箱
Motorola DSP Developer's Kit	Motorola DSP 开发工具箱
TI DSP Developer's Kit	TI DSP 开发工具箱

（4）仿真环境的扩展。Simulink 的开放式结构允许用户扩展仿真环境的功能：采用 MATLAB、FORTRAN 和 C 代码生成自定义模块库，并拥有自己的图标和界面。因此用户可以将使用 FORTRAN 或 C 编写的代码链接进来，或者购买使用第三方开发提供的模块库进行更高级的系统设计、仿真与分析。

（5）MATLAB 工具箱的集成。由于 Simulink 可以直接利用 MATLAB 的诸多资源与功能，因而用户可以直接在 Simulink 下完成诸如数据分析、过程自动化、优化参数等工作。工具箱提供的高级设计和分析能力可以融入仿真过程。

（6）通过命令行仿真。对于 Simulink 窗口中的模型，如果不想在 Simulink Parameters 对话框内指定仿真算法和仿真参数，用户可以在 MATLAB Command Windows 窗口内键入仿真命令，直接设置仿真参数，运行仿真，或者通过编写并运行一个脚本来启动仿真。

（7）程序与窗口的协调使用。Simulink 所编模块程序可以用 M 文件程序控制，同时打开 GUIDE 编写的图形窗口，显示模块程序计算的结果，这给轧制仿真带来便利，在 M 文件控制下，鼠标点击关键模块，就能调出窗口，专门显示该模块的运算结果，使用户得到最大信息。

（8）MATLAB 版本使用。目前 MATLAB 版本主要是 6.5（R2005a）和 7.0

（R2010b）两个版本，新版本兼容老版本，但需要安装运行两个补丁文件。

综上所述，Simulink 具有以下特点：

（1）基于矩阵的数值计算；

（2）图形化高级编程语言；

（3）图形可视化；

（4）工具箱提供面向具体应用领域的功能；

（5）丰富的数据 I/O 工具；

（6）提供与其他高级语言的接口；

（7）支持多平台（PC/Macintosh/UNIX）。

2.3 Simulink 的模块库

Simulink 提供的模块库中包括了许多实现不同功能的运算模块，按类划分如 Sources（输入源模块库）、Sinks（输出模块库）、Math Operations（数学模块库），以及线性模块和非线性模块等。用户还可以自定义多层次的系统模型，以便多次调用。这些模块用户可以随时查阅修改，使模型功能不断完善合理。

2.3.1 Simulink 公用模块库与用户模块库

2.3.1.1 公共模块库

Simulink 公共模块库是 Simulink 中最为基础、最为通用的自带模块库，它可以被应用到不同的专业领域中。Simulink 公共模块库共包含 9 个模块库。下面分别介绍各个模块的功能：

（1）Continuous（连续系统模块库）；

（2）Discrete（离散系统模块库）；

（3）Linear（线性系统模块库）；

（4）Math（数学运算库）；

（5）Nonlinear（非线性系统模块库）；

（6）Signals & Systems（信号与系统模块库）；

（7）Sinks（系统输出模块库）；

（8）Sources（系统输入模块库）；

（9）Subsystems（子系统模块库）。

除了公共模块库之外，Simulink 中还集成了许多面向不同专业领域的专业模块库，对 Simulink 的专业模块库加以了解，有助于更好完成建模任务。

这里仅简单介绍部分专业模块库的主要功能。

（1）Control System Toolbox 模块库：面向控制系统的设计与分析，主要提供线性时不变系统的模块。

（2）DSP Blockset 模块库：面向数字信号处理系统的设计与分析，主要提供 DSP 输入模块、DSP 输出模块、信号预测与估计模块、滤波器模块、DSP 数学函数库、量化器模块、信号管理模块、信号操作模块、统计模块以及信号变换模块等。

（3）Simulink Extras 模块库：主要补充 Simulink 公共模块库，提供附加连续模块库、附加线性系统模块库、附加输出模块库、触发器模块库、线性化模块库、系统转换模块库以及航空航天系统模块库等。

（4）S-function demos 模块库：主要提供 C++、C、FORTRAN 以及 M 文件下 S-函数的模块库的演示模块。

（5）Real-Time Workshop 与 Real-Time Windows Target 模块库：主要提供各种用来进行独立可执行代码或嵌入式代码生成，以实现高效实时仿真的模块。它们和 RTW、TLC 有着密切的联系。

（6）Stateflow 库：对使用状态图所表达的有限状态机模型进行建模仿真和代码生成。有限状态机用来描述基于事件的控制逻辑，也可用于描述响应型系统。

（7）定点模块库：包含一组用于定点算法仿真的模块。

（8）通信模块库：专用于通信系统仿真的一组模块。

（9）Dials & Gauges 库：图形仪表模块库，它们实际上是一组 ActiveX 控件。

（10）神经网络模块库：用于神经网络的分析设计和实现的一组模块。

（11）模糊控制模块库：包括一组有关模糊控制的分析设计和实现的模块。

（12）xPC 模块库：提供了一组用于 xPC 仿真的模块。所谓的 xPC 是指利用 PC 机，使用客户端服务器的模式进行实时仿真的一种经济仿真方案。它和 Simulink、RTW 相结合，可以在 PC 机上进行单任务的实时仿真。

除了上面介绍的一些模块库之外，Simulink Library Browser 中还有很多其他专用模块库。

有效地利用 Simulink 系统模块库中的各种内置系统模块，可以使用户在很短的时间内完成各个领域复杂系统的建模、仿真与分析。至于如何使用这些内置的系统模块构建动态系统模型将在下一节中进行详细的介绍。

对 Simulink 库浏览器的基本操作有：

（1）使用鼠标左键单击系统模块库，如果模块库为多层结构，则单击"+"号，打开子库菜单。

（2）使用鼠标右键单击系统模块库，在单独的窗口打开库。

（3）使用鼠标左键单击系统模块，在模块描述栏中显示此模块的描述。

（4）使用鼠标右键单击系统模块，可以得到系统模块的帮助信息，将系统模块插入系统模型中，查看系统模块的参数设置，以及回到系统模块的上一层库。

2.3.1.2 公共用户模块库

一些用户建立的通用计算功能模块，可放在公共用户模块 My-library 文件中，供编程时选择调用。每个功能模块都可以在 Simulink 窗口下的 library 菜单下编写，各子模块各具有特定名称。这些模块独立编写，视需要还可以改动升级。图2-1 为 My-library 库文件中各功能模块的图示。

使用时，都是使用鼠标操作，调出 Simulink 库浏览器，再通过鼠标左键单击模块库的名称就可以查看模块库中的模块。模块库中包含的系统模块显示在 Simulink 库浏览器右边的一栏中。

此外还可以进行以下操作：

（1）使用鼠标左键选择并拖动系统模块，并将其拷贝到系统模型中。

（2）在模块搜索栏中搜索所需的系统模块。

2.3.2 Simulink 计算建模与子模块

Simulink 系统模块编程任务主要是利用公用模块库中已有运算符号和输入输出符号，建立运算关系系统。其 Simulink 图形算法模块的制作方法是：在 MATLAB 的命令窗口中输入 Simulink，将会显示 Simulink 的模块库。在模块库的窗口下，点击"File|New"中 New，出现 Model|Library，点击 Model 便进入 Simulink 编程窗口。

模块编程主要利用模块库中已有运算符号和输入输出符号，建立运算关系模块。图 2-2a 为某轧制运算模块，它从模块库中调出三个输入端口（调出一个再复制两个，自动编号）和一个输出端口符号，还有相减、相乘，常数、加减运算符号，用连线连接起来。由图可见，计算所用到的变量，都有相应的输入端口，计算结果有相应的输出端口。

为使图面整洁清晰，图 2-2a 这样的功能模块常常被压缩成为一个功能方块，即子模块，具体处理方法是：Simulink 窗口下，用鼠标左键为起始点，选中建立子模块的全部单元，在 Edit 菜单下，点击 Creat SubSystem，便把包含全部咬入角计算的内容放入下一层次的子模型，子模型变成一个图标，其输入与输出端口按内部排序，分别列在方块图标左右两边，如图 2-2b 所示。显然，压缩图把复杂算式全部隐含起来，成为子功能模块，物理意义明确，还便于查找修改。搭建其他系统时，复制子模块粘贴到需要的位置，就完成任务。

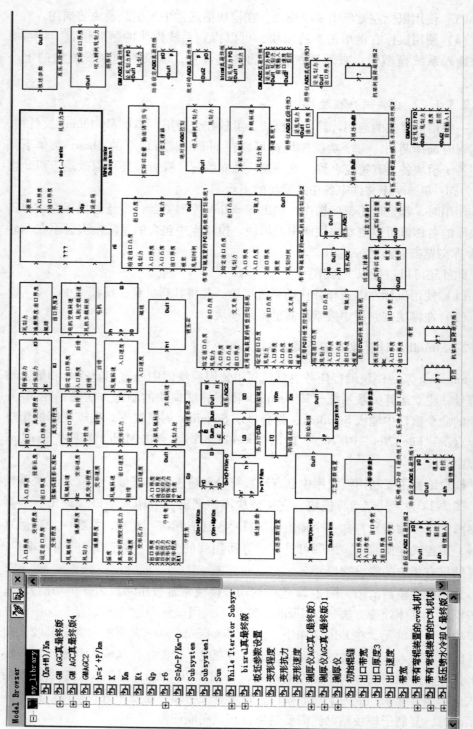

图 2-1 库文件中各功能模块的图示

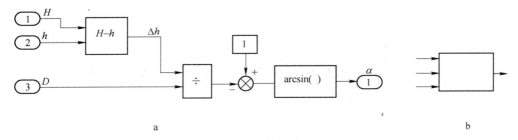

图 2-2 咬入角的计算模块

每个子模块还可以调出独立测试。在独立平台下，只要输入参量都有赋值，输出加装数字显示窗，执行运算，运算结果就可在数字窗里显示，简单功能模块可直接看出计算结果是否正确有效。

2.4 Simulink 模块加锁

Simulink（2010）具有子模块加锁功能，对于关键模块，经过加锁操作，可以保护开发者权益，这对授权运行十分重要。

加锁分为模块修改加锁和模块运行加锁。前者是可以运行，不可修改，后者未得授权，不得运行。加锁方法为：

（1）Pcode 命令。将 m 文件加密成 P 文件，可在 MATLAB 环境下运行，但无法查看修改，只有正版软件才有此功能。

（2）生成 .exe 文件。用 APP 命令将整个图形模块生成 .exe 文件，可独立在 MATLAB 环境运行。

（3）将模型变为 S 函数。安装 realtime workshop 功能到模型上面，按住鼠标右键，选择 generate s function，完成模型转换。

参 考 文 献

［1］张平，等，MATLAB 基础与应用简明教程［M］. 北京：北京航空航天大学出版社，2001.

［2］李颖，朱伯立，张威. Simulink 动态系统建模与仿真基础［M］. 西安：西安电子科技大学出版社，2004.

［3］陈桂明，张明照，戚红雨，等. 应用 MATLAB 建模与仿真［M］. 北京：科学出版社，2001.

［4］陈杰，等. MATLAB 宝典［M］. 北京：电子工业出版社，2010.

3 | Simulink 轧制模块建立

图形模块的轧制仿真使用户能够在屏幕上轻松组成各种轧制系统和改变参数，如增减轧机，替换不同特性设备，改变设备参数，修改 AGC 控制算法，实现不同控制等，也可建立压下 AGC 与板型 AFC 耦合等各种控制功能。仿真结果可以在任意需要的地方设立瞬时数据或连续变化曲线的监视窗口。使用人员按照本厂设备情况加以改动参数甚至结构算法，就能开展仿真研究。

在 Simulink 平台下进行轧制数字仿真，就要把所有轧制模型公式与设备模型都转为图形计算模块。

3.1 轧制数学模型与 Simulink 模块

轧制生产过程中涉及的数学模型分轧制变形区时刻遵守的本构静态模型和运动力学平衡的动态模型。

3.1.1 轧制变形区的基本定义

轧制变形区基本模型是指根据轧辊咬入轧件的几何关系推导的静态模型。

3.1.1.1 压下、宽展及延伸变形的定义

设工件在轧制前的尺寸为 H, B, L 及 F_0（断面面积），轧制后变为 h, b, l 及 F_1（断面面积），则变形区内的高度、宽度及长度方向的变形参数见表 3-1[1]。

表 3-1 各种变形参数的表示

名 称	绝对变形	相对变形	变形系数	对数变形系数
压下	$\Delta h = H - h$	$\varepsilon_1 = \Delta h / H$	$\eta = H/h$	$\ln(H/h)$
宽展	$\Delta b = b - B$	$\varepsilon_2 = \Delta b / B$	$\omega = b/B$	$\ln(b/B)$
延伸	$\Delta l = l - L$	$\varepsilon_3 = \Delta l / L$	$\mu = l/L$	$\ln(l/L)$

3.1.1.2 轧辊压下量与咬入角模型

轧辊最大咬入量 Δh 与轧辊工作直径 D 的大小有紧密关系，此时包含的轧辊扇形角是咬入角 α，它们之间的关系是：

$$\Delta h = D(1 - \cos\alpha) \tag{3-1}$$

为计算咬入角，式（3-1）变换如下：

$$\alpha = \arccos\left(1 - \frac{\Delta h}{D}\right) \tag{3-2}$$

图 3-1 为咬入角 Simulink 计算模块，按式（3-2）的规则，用连线连接起来。由图可见，该模块算式与公式完全一致。

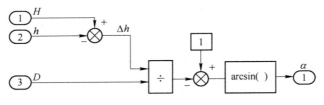

图 3-1　咬入角的计算模块

3.1.1.3　变形区长度 l

轧制变形区理论接触弧长 l 计算如下：

$$l = \sqrt{R\Delta h - \frac{\Delta h^2}{4}} \approx \sqrt{R\Delta h} \tag{3-3}$$

上式是理想轧制条件下的接触弧长公式，实际存在轧辊压扁，接触弧长要大些。模块表达见图 3-2。

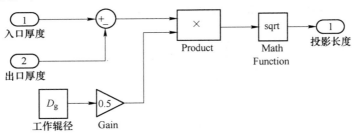

图 3-2　变形区长度计算模块

3.1.1.4　变形速度

变形速度是指轧制变形区垂直相对压下速度，它在热轧过程中对变形阻力大小产生明显影响，因而是重要的轧制参数。取轧制变形速度平均值 u_c 为：

$$u_c = \frac{v_0}{l_c}\ln\frac{H}{h} \tag{3-4}$$

变形速度计算模块见图 3-3。

3.1.1.5　前滑

轧件的出口速度 v_h 大于轧辊线速度 v 的现象称为前滑，用 S_h 表示，模型为：

$$S_h = \frac{v_h - v}{v} \times 100\% \quad \text{或} \quad S_h = \left(\frac{v_h}{v} - 1\right) \times 100\% \tag{3-5}$$

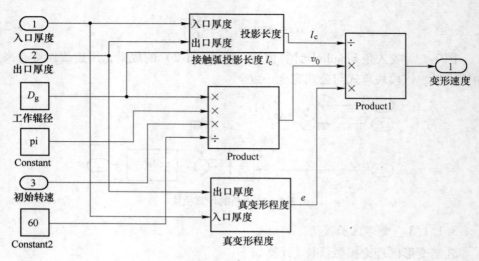

图 3-3 变形速度计算模块

经过变换，前滑还可用下式计算：

$$S_h = \left(\frac{D_g}{h} - 1\right)\gamma^2/2 \tag{3-6}$$

式（3-6）取决于中性角 γ 的计算，前滑模块见图 3-4。

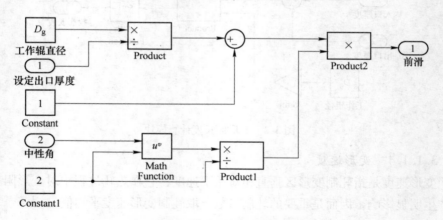

图 3-4 变形前滑计算模块

3.1.2 中性角模型

轧制变形区都是入口厚出口薄，轧件在轧辊带动下向出口运动，于是在变形区临近出口处的轧件速度快于辊面。这时有一小部分摩擦力的方向正好相反，称为前滑区。辊面上前后滑交界处的相交点是中性点，该点圆心角称为中性角。正因为摩擦力在中性点处变方向，故中性点的三向压应力最强，单位压力也就最高，形成单位压力峰。

当求出前滑区和后滑区的单位压力分布模型后，利用中性点上单位压力相等，可以求出中性角。

Sims 中性角计算公式如下[2]：

$$\gamma = \sqrt{\frac{h}{R}} \cdot \tan\left[\frac{\pi}{8} \cdot \sqrt{\frac{h}{R}} \cdot \ln(1-\varepsilon) + \frac{1}{2}\arctan\sqrt{\frac{\varepsilon}{\varepsilon-1}} + \frac{1}{2}\sqrt{\frac{h}{R}}\left(\frac{\tau_b}{K} - \frac{\tau_f}{K}\right)\right]$$

(3-7)

式中前后张应力对中性角均匀地起作用，入口断面大，在同样张应力水平下，后张力就大些。建立的中性角 Simulink 模块见图 3-5。

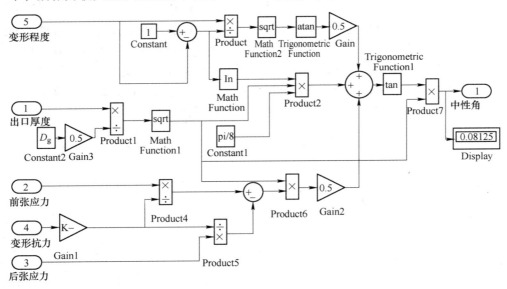

图 3-5 中性角的 Simulink 仿真计算模块

由图 3-5 可见，中性角最后由两项乘积得到，一项是 $\sqrt{\frac{h}{R}}$，一项是正切。后者来自三项相加，它们有变形程度、变形对数、前后张力影响系数。张力影响大小还可以修改 Gain2 中的系数，最大为 0.5，该系数选择至关重要，因为计算双轧制力时，设定张力与实际张力往往差别很大，造成轧制力预报差别很大。

3.1.3 压扁弧长模型

当轧辊受到很大轧制力时，轧辊将被压扁，设压扁后的轧辊半径为 R'，接触弧水平投影长度为 L'_c。Hitchikok 根据弹性力学中两个圆柱体弹性压扁的公式推得：

$$l'_c = mp_cR + \sqrt{R\Delta h + (mp_cR)^2} \tag{3-8}$$

$$m = \frac{8(1 - \nu^2)}{\pi E} \tag{3-9}$$

式中 p_c——接触弧上的平均单位压力，MPa；

　　　E——杨氏弹性模量，MPa，$E = 2 \times 10^5$ MPa；

　　　ν——泊松系数，对于钢轧辊，泊松系数 $\nu = 0.3$，因此可得 $m = 1.1 \times 10^{-5}$ MPa^{-1}。

设 $l'_c = \sqrt{R'\Delta h}$，代入式（3-8）后简化得：

$$R' = R\left(1 + 16\frac{1 - \nu^2}{\pi E} \cdot \frac{P}{B\Delta h}\right) \tag{3-10}$$

由上式可知，压扁弧长与待求的轧制力互相关联，轧制力大，压扁弧长就长，但轧制力大，弹跳量加大，压下量变小，因此会自动平衡。这种关系在数学上需通过联解轧制力公式和轧辊压扁公式才能最终求得 l'_c 及轧制力 P。

仿真时它是一种反馈自平衡计算，为此，计算压扁弧长的模块调用刚刚计算的轧制力，完成反馈平衡，压扁计算模块的局部见图 3-6。

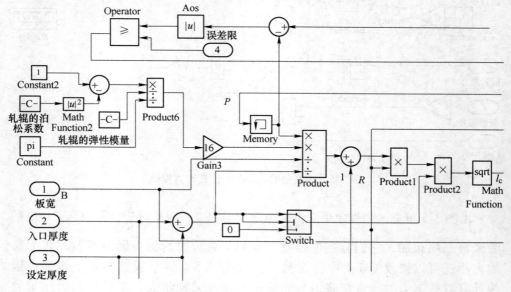

图 3-6 轧辊压扁弧长的计算子模块

图 3-6 中 P 即为反馈回来的轧制力，计算开始时为零，但原始辊径 R 的存在，保证计算进行。

3.1.4 自动压下分配模型

一般现场压下分配都采用负荷先高后低的原则，连轧前几道大压下，是为了保证温度高时大延伸节省能耗，后面几道减少压下是为了满足厚度、板型、表面光洁的要求。为能在任何已知中间坯厚和产品厚度时，自动按某种规律分配各道压下，可以用已经认可的压下分配规则，处理新的压下分配。以某生产线 20mm 中间坯轧制 20mm 成品为例，说明压下分配的计算方法。表 3-2 为分配的出口厚度、精轧各道变形系数和对数变形，表中末行为各道对数延伸占对数总延伸的比例。

表 3-2　热带精轧的延伸分配（总延伸系数为 10.0）

项　　目	F_1	F_2	F_3	F_4	F_5	F_6	F_7
出口厚度	14	9.0	6	4.2	3.2	2.5	2.0
变形系数	1.43	1.556	1.5	1.43	1.312	1.28	1.25
对数变形系数	0.3577	0.4421	0.4055	0.3577	0.2716	0.2468	0.2232
对数变形系数所占总比率	0.1555	0.1922	0.176	0.1555	0.1181	0.1073	0.097

有了每道延伸对数比例，再给出任何新的总延伸系数，就能按此比例自动分配各道的对数变形系数，再求出变形系数，便可自动完成伸长率先高后低的压下规程分配。自动压下分配的计算模块见图 3-7。

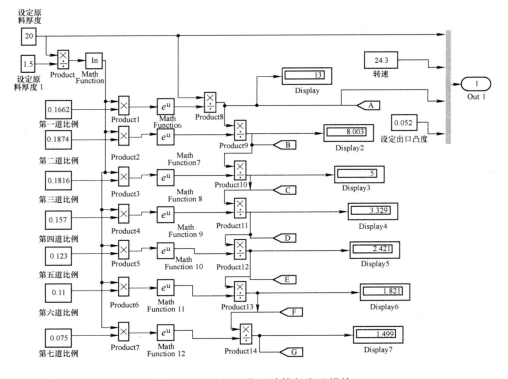

图 3-7　自动压下分配计算与发送模块

在图 3-7 中只要输入入口厚度和出口厚度，立即计算各道压下（轧件参数框中输入同样轧件厚度），计算好的各道压下系数可作为参考，也可送到无线连接的数据堆栈（全局变量），再由各架轧机的工艺参数输入模块 FROM 读出，为各架计算各道初始辊缝提供参数依据。

一般情况是先运行自动压下分配，把自动分配得到的各道压下量手工送到后面的工艺参数输入框里再运行。仿真运行开始常常会有堆钢和强烈拉钢，这时从上游开始，逐架调节轧机转速，使张力达到理想状态。

轧件速度、凸度也可以在轧前全部分配好，留在堆栈等待送出或读出参考。

3.2 轧机弹跳方程与 P-H 图

轧制过程总有轧辊对轧件施加压力，使轧件发生塑性变形，从而将轧件的厚度变薄（由入口厚度 H 到出口厚度 h，其压下量为 $\Delta H = H - h$）。但与此同时轧件也给轧辊以同样大小、方向相反的反作用力（并传到机架各部分零件上），使机座各零件产生一定的弹性变形，而这些零部件的非规则接触和弹性变形的累积结果，都反映在轧辊的辊缝增大（由空辊缝隙 S_0 增大到有载辊缝 S_p，而 $S_p = h$ 称为弹跳或辊跳）上，如图 3-8 所示。

同时由于轧辊产生弯曲变形，也导致辊缝沿宽度方向不均匀，这将引起板型变化（见本书第 9 章）。

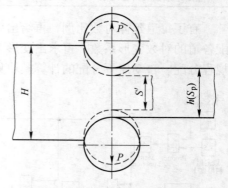

图 3-8 轧辊弹跳或辊跳

轧制前所能调节的只是轧辊空载辊缝 S_0，而薄板轧制操作中一个最大的任务是如何通过调节 S_0 使整卷达到所需要的板厚。

根据弹跳现象，得出以下关系式：

$$h = S_p = S_0 + \frac{P}{K_m} \tag{3-11}$$

式中　S_p——有载辊缝，mm；

　　　h——轧件厚度，mm；

　　　S_0——空载辊缝，mm；

　　　K_m——机座总刚度，kN/mm。刚度即轧辊辊缝增大 1mm 所需要的压力大小。

把式（3-11）用直角坐标画出来，H 为横轴，P 为纵轴，得到图 3-9 的直线。还可将轧件塑性曲线放入图中，得到轧制力和出口厚度。图 3-9 也称为 P-H 图，它是分析厚度自动控制系统的一个有效工具，通过它不但可以弄清各种因素对厚度的影响，而且还可定量地分析各种厚控方案。

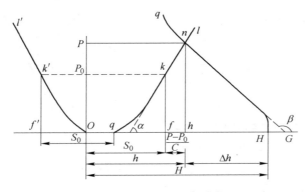

图 3-9　压靠零位的轧制曲线

然而，在现场实际操作中，存在小负荷的非线性段，为了消除这一不稳定影响，采用了所谓人工零位的方法，即先将轧辊预压靠到一定的压力 P_0，然后将辊缝仪的指示清零（作为零位），这样可克服不稳定段的影响。

此时弹跳方程变为：

$$h = S_{\mathrm{p}} = S_0 + \frac{P - P_0}{K_{\mathrm{m}}} \tag{3-12}$$

利用 *P-H* 图可以很直观地分析造成厚差的各种原因，主要分为两大类：

（1）轧机方面：刚度曲线变化，更换零部件后相互配合、粗糙度不同等；

（2）轧件方面：塑性刚度曲线变化（轧件塑性刚度与成分、组织、温度、变形速度、宽度、和接触面摩擦有关的应力状态都有关系）。

图 3-10 为测厚仪反馈式厚度自动控制系统的实物框图。带钢从轧机中轧出之后，通过轧机后面的测厚仪测出实际轧出厚度 $h_{\text{实}}$ 并与给定厚度值 $h_{\text{给}}$ 相比较，得到厚度偏差 $\delta h = h_{\text{实}} - h_{\text{给}}$，当两者数值相等时，厚度差运算器的输出为零即 $\delta h = 0$。否则出现厚度偏差 δh，这时便将它反馈给厚度自动控制装置，变换为辊缝调节量的控制信号。

为了消除已知的厚度偏差 δh，辊缝调节量是 δS。为此，必须找出 δh 与 δS 关系的数学模型。根据图 3-11 所示的几何关系，可以得到：

$$\delta h = fg = fi/M$$

$$
\begin{aligned}
\delta S &= eg = ef + fg \\
&= \frac{fi}{K_{\mathrm{m}}} + \frac{fi}{M} = fi\left(\frac{M + K_{\mathrm{m}}}{K_{\mathrm{m}} M}\right) = \delta P\,\frac{M + K_{\mathrm{m}}}{K_{\mathrm{m}} M}
\end{aligned} \tag{3-13}
$$

故

$$\delta h / \delta S = \frac{fi}{M} \Big/ fi\left(\frac{M + K_{\mathrm{m}}}{K_{\mathrm{m}} M}\right) = \frac{K_{\mathrm{m}}}{K_{\mathrm{m}} + M}$$

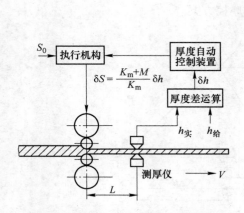

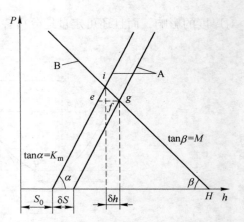

图 3-10 反馈式厚度自动控制系统　　　　　图 3-11 反馈调整的 $P\text{-}H$ 图

即
$$\delta h = \frac{K_m}{K_m + M}\delta S \tag{3-14}$$

或
$$\delta S = \frac{M + K_m}{K_m}\delta h = \left(1 + \frac{M}{K_m}\right)\delta h \tag{3-15}$$

从式（3-15）可知，只要检测到厚度偏差 δh，便可以计算出为消除此厚度偏差应作出的辊缝调节量 δS。式（3-15）也称辊缝压下系数，计算模块见图 3-12。

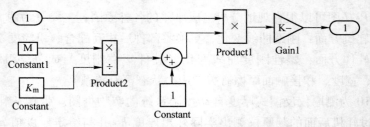

图 3-12 辊缝压下系数计算子模块

注意，$P\text{-}H$ 图只是静态图，它不涉及变形动态过程，相当于轧机弹性曲线是静态模型，设备是理想刚性。要研究变化初期的动态过渡过程应当考虑相关设备的变化。

3.3　轧制力模型

3.3.1　热轧轧制力模型

轧制力与抗力、接触面积、应力状态系数和张力大小有关，故轧制力计算公式也可写成[3]：

$$P = KlBQ_p n_t \tag{3-16}$$

式中 K——轧制变形区抗力，$K = 1.15\sigma_s$，MPa；

  B——变形区投影平均宽度，mm；

  l——变形区投影接触弧长，mm；

  n_t——前后张力影响系数，$n_t = 1 - \dfrac{0.3q_h + 0.7q_H}{K}$，取 $1 \sim 0.9$；

  Q_p——与轧辊变形区形状、摩擦力大小有关的应力状态系数。

图 3-13 为五变量因子轧制力计算方块图。

从图 3-13 中可见，构成轧制力要素的各个变量分别进行计算并显示，其中变形抗力（Display7）、轧件宽度（Display6）、变形区长度（Display4）、应力状态系数（Display3）、张力影响因子（Display5）都按各自要求输入各自的计算参数。最后这些计算结果送到轧制力乘积功能方块，完成乘积计算。

图 3-13 中各参数计算结果都用数字窗口显示出来，这为编程人员迅速判断计算结果是否正确带来方便。但数据监视窗开设太多，同样占据部分内存，使运算速度略有下降，更使连续记录的曲线图前部发生自动删除，影响数据分析。

连轧图形化工艺仿真模型全部为轧制基本公式，因而是全量大范围计算的直接仿真法。

3.3.2 变形抗力模型

金属塑性变形阻力是指单向应力状态下金属材料产生塑性变形所需单位面积上的力，一般只能是拉伸过程才能得到纯单向应力状态。它的大小与材料的化学成分有关，还取决于塑性变形的物理条件（变形温度、变形历史、变形速度和变形程度）。目前，变形抗力的计算模型主要是通过采用不同的基本方程来拟合变形抗力曲线得到的。

在变形金属的化学成分和显微组织确定的情况下，影响变形抗力的主要因素如下：

（1）热变形抗力的影响因素。热变形中影响变形抗力的因素除冷变形考虑的之外，还有材料温度、恢复时间和变形速度。目前的热变形抗力模型，没有考虑高温变形后的恢复时间，因而对速度较快的连轧的轧件变形抗力，不能导出准确的解析关系。利用热模拟机可以对不同来源的同钢种进行试验，建立变形抗力曲线。

（2）热变形抗力模型。热变形抗力曲线比冷变形曲线丰富得多，因而方程样式也就很多。周纪华式如下：

$$\sigma_s = \sigma_0 \exp(a_1 T + a_2)\left(\frac{\dot{\varepsilon}}{10}\right)^{a_3 T + a_4}\left[a_6\left(\frac{\varepsilon}{0.4}\right)^{a_5} - (a_6 - 1)\frac{\varepsilon}{0.4}\right] \quad (3\text{-}17)$$

$$T = (t + 273)/1000$$

式中 t——变形温度，℃；

  σ_0——基准变形阻力，即 $T = 1273\text{K}$、$e = 0.4$ 和 $u = 10\text{s}^{-1}$ 时的变形阻力，MPa；

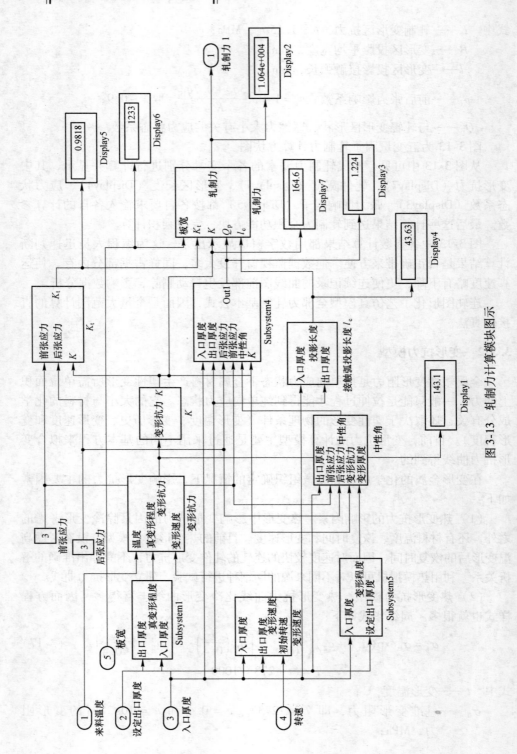

图 3-13 轧制力计算模块图示

u——变形速度，s^{-1}；

e——变形程度（真变形程度）；

$a_1 \sim a_6$——方程系数，它们分别与成分、温度、变形历史、变形程度、变形速度有关。

试验所用钢种为08F，系数见表3-3。

表 3-3　08F 钢周纪华抗力方程系数

σ_0/MPa	a_1	a_2	a_3	a_4	a_5	a_6
116	−3.387	4.312	0.5130	−0.5320	0.5887	1.879

代入式（3-17），得到08F钢在925℃的变形阻力 $\sigma = 116.4\mathrm{MPa}$。

图3-14为变形抗力计算模块。

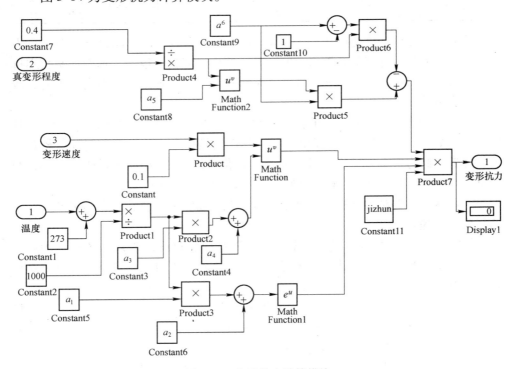

图 3-14　变形抗力计算模块

图3-14中各常数赋值在轧机图表中完成。

从式（3-17）可以看出，变形抗力尽管与温度、变形率、变形速度有关，基准抗力还是要根据道次加以变化，否则预报轧制力与实测值相差甚远，造成轧制力预报变化高达20%，远远超过实际轧制力的变化。这种偏差遗传在连轧更是致命，必须保证每道入口的来料厚度接近预设定数值。

热轧时，因为存在再结晶，抗力不但与变形速度有紧密联系，与回复时间也大有联系，这时，材料抗力变动很大。仿真计算发现，变形抗力计算公式相对厚度变化过于敏感，来料厚度变化引起真变形 e 的轻微变化，就使抗力变化极大，越是靠近成品薄件越是敏感，造成抗力急剧上升或下降。为此，这里将公式中真变形比较基准抬高，即加大真变形项分母的界限系数，式中分母系数 0.4 用较大数代替，从而降低来料厚度尺寸波动对抗力的影响。

以设定 46.5 轧制 4.1，实际来料厚度 56，计算的变形抗力在修正前后的变化见表 3-4。

表 3-4 变形抗力修正结果

项　　目	F_1	F_2	F_3	F_4	F_5	F_6	F_7
按设定厚度计算的抗力/MPa	107	118	138	168	191	212	226
按来料厚度计算的抗力/MPa	137	140	157	184	205	226	238
得到修正后计算的抗力/MPa	113	121	140	170	192	213	227

从表 3-4 可见，总变形从 11.3 提高到 13.3 后，真变形影响未修正前，抗力大大上升，使最后计算的轧制力大幅上升，超出经验数值很多。真变形系数和抗力修正后，真变形影响除第一道外，其余影响都不大，各道轧制力略有上升，较为符合实际情况。

另外，考虑高温下变形后的再结晶软化，增加停留时间的影响 $(1 - as)$，其中 a 为系数，s 为上道次轧后停留时间，其作用是按上道轧后停留时间，软化抗力，降低轧制力。上一道次间隔时间长，软化作用大。初步以间隔时间 10s，减少抗力 5% 来修正抗力。连轧如果间隔 2s，减少抗力 1%。

经过修正，轧制力预报规律基本符合多个现场实际，使轧制力预报贴近实际的程度大为提高。

（3）冷变形抗力的确定。根据多数钢种在冷轧过程的表现，各种钢的静态变形抗力主要与相应的累计变形程度有关，通常情况下可以用以下几种模型结构来拟合静态实验数据：

$$\sigma_s = \sigma_0 + a_0 \varepsilon^{a_1} \tag{3-18}$$

$$\sigma_s = \sigma_0 + a_0 \varepsilon^{a_1} + a_2 \varepsilon_{\Sigma}^{a_3} \tag{3-19}$$

式中　　　σ_s——材料单向拉伸屈服极限；

　　　　　σ_0——退火状态下材料的屈服极限，同样钢种不同炉号的钢也不完全相同；

　　$a_1 \sim a_3$——待定系数；

　　　　　ε_{Σ}——累计历史变形程度；

　　　　　ε——本道次变形程度。

许多冷变形抗力曲线形状较为接近，常用实验数据确定模型的系数。

轧制仿真过程中，抗力采用冷轧模型，忽略温降，由累积变形计算抗力，即为冷轧仿真。轧制力计算也得更换冷轧公式，如斯通公式。

3.3.3 热轧应力状态系数模型

应力状态系数是指仅与变形区形状、变形率大小以及张应力大小有关的影响系数。

Sims 热轧不带张力应力状态系数为：

$$Q_p = \sqrt{\frac{1-\varepsilon}{\varepsilon}} \left(\frac{1}{2} \sqrt{\frac{R}{h}} \ln \frac{1}{1-\varepsilon} - \sqrt{\frac{R}{h}} \ln \frac{h_r}{h} + \frac{\pi}{2} \arctan \sqrt{\frac{\varepsilon}{1-\varepsilon}} \right) - \frac{\pi}{4} \quad （3\text{-}20）$$

其中中性面高度 h_γ 可利用中性角 γ 求得：$h_\gamma = h + D(1 - \cos\gamma)$。

式（3-20）中中性面计算与中性角密切相联系，中性角公式已经考虑前后滑影响，故 Q_p 计算不再考虑前后张应力。应力状态系数计算模块图见图 3-15。

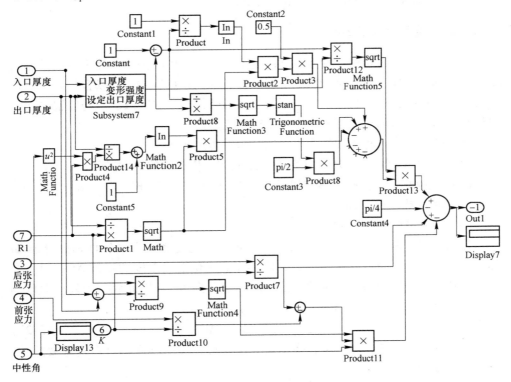

图 3-15　应力状态系数计算模块

3.4　轧制力矩计算

轧制力矩是分布轧制压力对轧辊中心点的合力矩，一般用集中力和集中力作用点到轧辊中心的距离的乘积求得力矩，轧制时还会有附加摩擦力矩。在简单轧制情况下，驱动一个轧辊的力矩 M_k 为纯轧制力矩 M_z 和轧辊轴承处空转和附加摩

擦力矩 M_{fl} 之和：

$$M_k = M_z + M_{fl} = Pa + P\rho \tag{3-21}$$

$$a = R\sin\beta = \frac{D}{2}\sin\beta, \quad \rho = \frac{d}{2}\mu$$

式中 a——轧制力力臂，一般热轧厚件 $a = 0.4 \sim 0.5$，冷轧薄件取 $a = 0.3 \sim 0.4$；

ρ——轧辊轴承处摩擦圆半径，$\rho = \frac{d}{2}\mu$；

D，R——轧辊直径与半径；

d——轧辊辊颈直径；

μ——轧辊轴承摩擦系数：金属轴瓦热轧时，$\mu = 0.07 \sim 0.10$；滚动轴承，$\mu = 0.004$；冷轧时，$\mu = 0.05 \sim 0.07$；液体摩擦轴承，$\mu = 0.003$；胶木及塑料轴瓦，$\mu = 0.01 \sim 0.03$。

3.5 热轧温度计算模型

带钢热轧生产过程中，变形温度决定变形抗力，也就决定消耗。温度模型用于反映带钢在热轧过程各个阶段的温度取值。带钢在热轧过程中以各种方式对外散失热量，包括：表面辐射热、与辊道之间的热传导、水冷散热、与轧辊之间的热传导，与此同时由于变形能，带钢要吸收变形热。

热连轧机温降过程可归纳为以下四种基本传热环节：

（1）带钢（钢坯、板坯）在辊道上或机架间传送时的辐射温降；

（2）轧制时带钢接触传热和塑形变形功升温温度的变化；

（3）喷水或层流冷却时的温降；

（4）高压水除鳞时的温降。

轧制时存在两个相互矛盾的热交换过程，一是轧制时高温轧件辐射降温 Δt 和轧制时高温轧件与低温轧辊接触时传导损失热量造成温度的降低 Δt_c；另一个是轧制轧件时塑性变形所产生的热量造成温度升高 Δt_H。因此轧制中轧件温度的变化应是三者之和。故变形区温度变化 Δt_{Σ} 为：

$$\Delta t_{\Sigma} = \Delta t + \Delta t_c - \Delta t_H \tag{3-22}$$

轧件薄，变形慢，热焓少，降温就大。变形速度快则变形升温占重要地位，散热损失减少。

3.5.1 轧件在空气中的辐射温降

热带钢在高温时主要为辐射损失，一般在1000℃以上温度时，辐射热量损失占总热量损失的90%以上，因此可以只考虑辐射损失，而把其他影响都包含在根据实测数据确定的辐射率 ε 内。带钢在机架间和中间辊道上传送时温降的计算公式为：

$$\Delta t = -\frac{2\varepsilon\sigma}{c_p\gamma}\left(\frac{t+273}{100}\right)^4\frac{\Delta\tau}{h} \tag{3-23}$$

式中　σ——斯蒂芬-玻耳兹曼常数，约为 $5.69\mathrm{W/(m^2 \cdot K^4)}$；

　　　ε——辐射率，又称为黑度（$\varepsilon < 1$）；

　　　γ——轧件的密度，$7800\mathrm{kg/m^3}$；

　　　t——轧件的温度，℃；

　　　c_p——轧件的比热容，$\mathrm{J/(kg \cdot K)}$；

　　　h——轧件的厚度，m；

　　　τ——散热时间，$\tau = \dfrac{\Delta L}{v}$，其中，$\Delta L$ 为机架间距，m；v 为轧件在辊道上的运行速度，m/s。

　　上式只适用于短辊道输送，对于辊道比较长的情况则对式（3-23）积分，得到下式：

$$T = 100\left[\frac{6\varepsilon\sigma}{100\gamma c_p h}\tau + \left(\frac{T_0}{100}\right)^{-3}\right]^{-\frac{1}{3}} \tag{3-24}$$

式中　T_0——初始绝对温度，K。

3.5.2　对流散热

　　轧件在轧机之间或出口水冷段的冷却主要是对流散热，水的对流散热温降方程如下：

$$t_\mathrm{L} = t_\text{水} + (t_\mathrm{R} - t_\text{水})\exp\left(\frac{-2\alpha}{c_p\gamma}\times\frac{l_2}{hv}\right) \tag{3-25}$$

式中　t_L——带钢离开水冷段时的温度，K；

　　　$t_\text{水}$——层流冷却水的温度，K；

　　　t_R——带钢进入水冷段时的温度，K；

　　　α——对流散热系数 $\mathrm{J/(m^3 \cdot s)}$，表示轧件与介质温度差为1℃的条件下，在单位时间内所散失的热量。

　　　l_2——水冷段长度，当冷却水段数为 N 时，l_2 可根据每段所占的长度 l_0 计算得到：$l_2 = Nl_0$。

3.5.3　轧件与轧辊接触的热传导

　　轧件与轧辊接触的热传导温降与压下和接触时间有关，接触弧越长，温降也越大。传导温降模型为：

$$\Delta t_\mathrm{c} = 4\beta\frac{l_\mathrm{c}'}{h_\mathrm{c}}\sqrt{\frac{\lambda}{\pi l_\mathrm{c}' v_0 \gamma C}} \cdot (t_\mathrm{S} - t_\mathrm{R}) \tag{3-26}$$

式中　β——轧件与轧辊的热传导效率，一般为 $0.48 \sim 0.55$；

t_S, t_R——分别为带钢和轧辊的温度,℃;

h_c——平均厚度,m;

v_0——轧辊的线速度,m/s;

λ——接触热传导系数,W/(m·K)。

3.5.4 变形温升

变形温升模型如下:

$$\Delta t_H = \frac{p_c \ln \dfrac{h_0}{h} \times 10^6}{J_1 \gamma C} \eta \tag{3-27}$$

式中 p_c——平均单位压力(接触弧上),$p_c = 1.15\sigma Q_p$,MPa;

η——与变形速度有关的热功转换系数,$\eta = [(Q_p-1)\beta+1]/Q_p$,$\beta$ 为轧件与轧辊的热传导系数,一般取 0.5 左右,连轧前几架取小些,后几架取大些,本仿真取 0.6;

J_1——热功当量,$J_1 = 427$kg·m/kcal;

h_0——入口厚度。

图 3-16 为轧制变形区温降综合计算模块。图中上半部分计算的是出口带钢

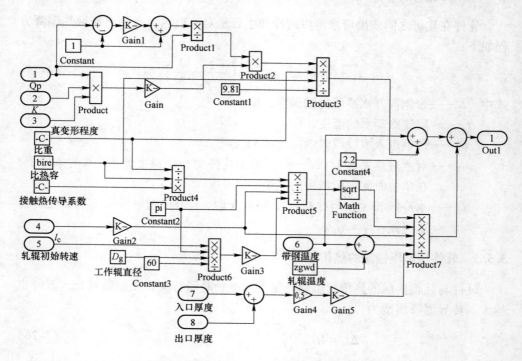

图 3-16 轧制变形区传导温降综合计算模块

温度的变形发热温度，下半部分计算为轧辊接触温降，两者代数求和，最后得到出口带钢温度。

3.6 宽展计算模型

在轧制过程中轧件的高度方向承受轧辊的压缩作用，压缩下来的体积，将按照最小阻力法则沿着横向及纵向移动，沿横向移动的体积所引起的轧件宽度变化称为宽展。宽展受相对压下量、轧制道次、摩擦系数、轧件宽度的影响。

影响宽展的因素实质上可归纳为两方面：一为高向压下的移动体积；二为变形区内轧件变形的纵横阻力比。变形区宽度大，自然大部分金属沿纵向流动，少部分流向横向。

在薄带轧制过程中，金属宽展流动已经很小，且受张力影响很大。为简单实用，本次仿真依据1000mm宽热轧带钢宽度减缩量与单位张力经验公式[4]：

$$\Delta B = -0.3q + 0.2\Delta h \tag{3-28}$$

式中　q——轧件张力，MPa；

　　　Δh——道次压下量，mm。

公式（3-28）表示，无张力时按照压下大小，计算宽展量，有张力时存在拉缩，甚至可能为负增长，但变化量都很小。

图3-17为出口带钢宽展计算的Simulink仿真模块，计算方法是计算宽展增量（式（3-28））与原始宽度相加，得到轧后宽度。改变表面系数或钢种系数即可代表不同钢种。

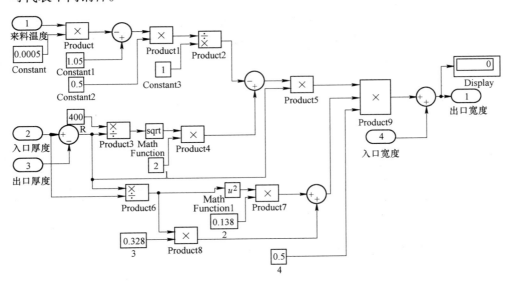

图3-17　出口带钢宽展计算的Simulink仿真模块

3.7 单机架 Simulink 轧制模块单元

由前面文献可见，人们在轧制工艺与过程控制原理示意图中，早已采用方块图来表示轧机或液压缸，但轧机图形模块符号化，直接编程，执行仿真运算并不多见。

Simulink 是图块编程平台，使用具有特殊功能和接口的图块以及必要的信号连线来编写程序，内部识别符号完成代码解释，大大简化编程工作量，易于上手，便于修改。实现图形模块的轧制仿真，给轧制工程研究带来便利。

3.7.1 模块图形化轧机

3.7.1.1 方块图轧制模型

轧制时，先按照预定来料厚度和出口厚度计算轧制力，再由弹跳方程设定初始辊缝 S_0。把这一辊缝指令送到液压缸，液压缸被看做承担一定压力的闭环惯性系统。轧机包括牌坊和带弯曲的轧辊以及轴承座，由液压缸把辊缝位移量和轧制力传递到轧机牌坊。仿真时，设定辊缝与计算弹跳合成，就得到轧件出口厚度。

然而，在辊缝确定后，实际来料厚度并非一成不变，故需要随时计算轧制力，重新计算弹跳 ΔS^*，再与原来设定辊缝合成出口厚度。上述轧制过程的方块图见图 3-18[5]。

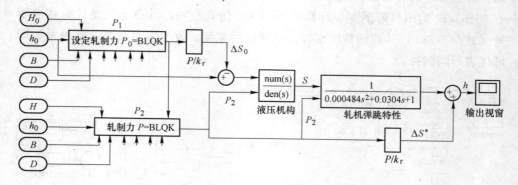

图 3-18 轧制力与出口厚度计算方块框图

在图 3-18 中，轧制力 P_1 计算时使用设定出口厚度和期望出口厚度，没有考虑压扁弧长，但 P_2 内有自平衡计算压扁接触弧长。压扁弧长与轧制力成正比，轧制力大，压扁弧长增加，使轧制力略有增加，但弹跳也随之增加，出口轧件厚度增加，轧制力减少，相互影响，得到最终自平衡的轧制力与压扁弧长。

图 3-18 中液压机构和轧机方框都有轧制力 P_2 入口，这是使液压缸和轧机都接受负载的影响。

从图 3-18 还可看出，计算第二轧制力时，原料入口厚度是随机数，但出口厚度仍按照理想设定出口厚度来考虑，这自然带来误差，因为辊缝设定后，随来料厚度变化，轧制力发生改变，故弹跳也在变化，出口厚度也就随之而变化。所以应当把第二轧制力合成的出口厚度返回到第二轧制力计算入口，重新计算轧制力，直到轧制力与弹跳合成厚度完全相对应，这一计算思想如图 3-19 所示。

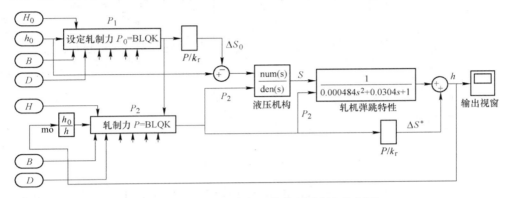

图 3-19　带出口厚度闭环的轧制过程方块框图

图 3-19 中，mo 方块功能是先用设定出口厚度 h_0 计算轧制力，轧制力合成出口厚度返回轧制力计算，前后两次 h 计算相近，便结束计算。因为初始用 h_0 计算轧制力时，可能压下过多，轧制力偏大，这时的轧制力计算的弹跳大，合成 h 后，一定厚度偏大。轧件厚度偏大说明轧制力应当减少，故轧制力合成的 h 返回，如果出口 h 大，压下就小，重新计算轧制力就小，如果出口 h 小，压下增大，轧制力增大，反复计算，一定能得到适合出口厚度的轧制力，以此轧制力为最终结果。这就是轧制力与出口厚度的自平衡计算，它符合实际轧制力的形成。图中 mo 方块的厚度值是手工送入的。

3.7.1.2　轧机方块图与轧机参数输入

由图 3-19 可见，轧制力计算要输入许多参数，显然这种直接轧制原理框图并不利于构成多机架轧制结构图，每架轧机多项输入必然使桌面过于复杂，难以阅读和辨识，这是以往图形化建模最先遇到的瓶颈。

Simulink 本身具有很多信号传输图形功能符号。这里利用复合传输线完成轧机形象化方框图表达，见图 3-20。

复合信号线是一根线传输多个参数，刚好将轧件的多个物理参数或多个工艺控制参数用一根线来传递，尤其是轧件参数，不仅包含厚度、速度、抗力、凸度等多项参数，也代表轧件走向，与常规轧机画法完全类似。

方框图左边为输入边，右边为输出边。输入参量端口有三个，包括轧件参数输入端口、工艺控制参量输入端口和辊缝输入端口。右边计算输出端口也有三个，初始轧制辊缝输出、轧件参数输出，还有即时轧制力输出。

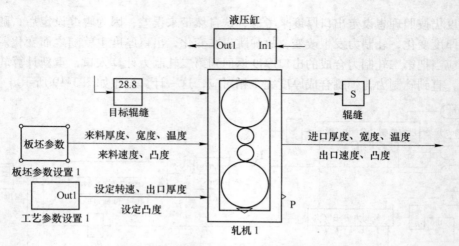

图 3-20　轧机形象化框图表示的四辊轧机

轧机框图顶上是液压缸模块，由液压缸传递函数组成，单端输入辊缝指令，单端输出液压缸辊缝指令，与实体液压缸磁尺输出对应。其辊缝控制算法待不同 AGC 压下算法确定后，再编程连线。

3.7.1.3　轧机方框图图片子目录路径与参数设置方法

图 3-20 所示轧机框内四辊轧辊图形以 .jpg 图片文件形式放在自建的一个子目录下，调用修改方法是调出轧机方块后，把鼠标箭头放在轧机图标内，点击鼠标右键，出现轧机配置菜单（图 3-21）。

其中 Look under mask 是进入下层子单元。Edit mask 项是轧机模型计算变量参数设置和路径设置窗口，单击 Edit mask 便出现编辑操作窗口，见图 3-22。

在缺省图标 ICON 下，中心窗口方框便是轧辊图形的存放路径和名称，修改它们，便得到不同路径和图例，如果路径不对，也不影响计算，但提示几个问号。

点击图 3-22 中 Parameters 参数栏，可以设参数变量。有了变量单元，才可以赋值，可以按照现场情况添加修改参数变量。这里为轧机设置的变量有支撑辊辊径、工作辊辊径、弹性模量、轧辊泊松系数等许多设备材料或尺寸等框图内的公共变量（图 3-23）。

图 3-21　轧机方块图的操作菜单

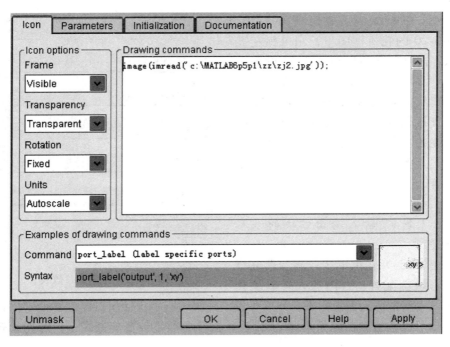

图 3-22 轧机图形下的 MASK 辅助表格（当前光标 ICON）

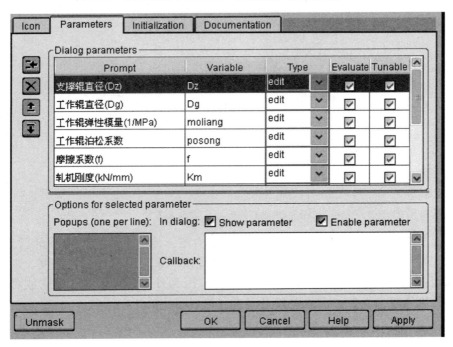

图 3-23 轧机图形下的 MASK 辅助表格的参数项（Parameters）

设备参数赋值需要回到图 3-20。在图 3-20 的轧机框图里，用鼠标左键双击，这时自动弹出与图 3-22 设置对应的十多项轧机部件参数与状态参数栏，其赋值表见图 3-24。按表中顺序可以直接修改参数，确认即可。这些参数在各层的方框图内都可以直接调用，尤其多处重复使用时，更显得便捷简单，相当于代码编程时的变量赋值。

图 3-24   轧机框图参数表

3.7.1.4   输入输出方块的多参数传递

图 3-25 为轧机工艺控制参数复合输入方块图配置，专门送入轧制工艺参数，主要是输入设定的来料厚度、设定轧辊转速、目标出口厚度、设定出口凸度（也可以按板型良好原则自动设定）。这些参数是计算理论轧制力和初始辊缝的必要工艺参数。

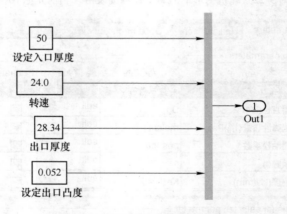

图 3-25   工艺控制参数输入方块

图 3-26 为轧件参数输入方块的内部结构图，传递了轧件的七项轧件数据，包括即时来料厚度（可以两侧双路）、来料宽度、来料温度、来料速度、来料凸度和表面状态（1 至 5 级表示），材料抗力。因为外表是一根线，把它放置在轧机图形工作辊中间处，在图 3-20 中还象征轧件进出轧机。

3.7.2   轧机主计算模块

图 3-20 所示轧机框下层为主要计算层，当鼠标箭头放在图 3-20 的轧机框图

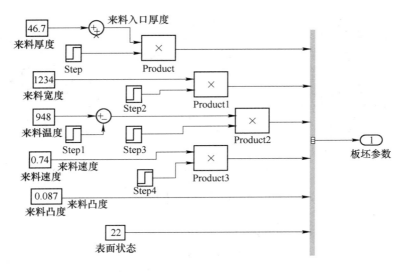

图 3-26 轧制板坯参数输入方块

里，点击鼠标右键，轧机出现工作菜单。当点击 Look under mask 菜单条目时，进入轧机图标的第二层（见图 3-27）。这一层包括电机模块、减速器复合模块、两个轧制力计算模块、前张力出入空间传递接口、液压缸辊缝模块和机架间辊道温降模块等。

输入的复合线有时需要单独使用某些变量，故用左右 MUDX 多线线排接口将复合线予以展开。

由图 3-27 可见，整个图面上设有多个数字监视窗口，用来监视运行过程中的数据变化，以便依据经验判断计算结果是否异常，其包含两个轧制力计算模块，只是轧件原料厚度来源不同，如图 3-27 所示。

图 3-27 所示的两个轧制力计算模块在计算前，送入两种原料厚度，一个是在工艺参数端口的原始设定厚度，用来计算理论轧制力和设定辊缝，另一个是在轧件参数入口的即时来料厚度，可以输入不确定尺寸的轧制来料，内部再自平衡计算出口厚度。

仿真时，先按照理论来料厚度和期望出口厚度计算轧制力和辊缝，再按照实际来料厚度重新计算轧制力和弹跳，由即时弹跳与先前计算辊缝合成出口轧件厚度。如果输入厚度就是理论来料厚度，出口厚度便是期望厚度。

3.7.3 轧机图标组成轧制系统

将图 3-20 所示轧制模块图组合成无厚度控制的轧制系统图，见图 3-28。

图 3-28 中，初始轧制力 P_0 计算的弹跳，与目标厚度合成辊缝，送到轧机之外的液压缸 xp 入口，液压缸输出执行辊缝送到轧机，与新轧制力计算的弹跳合

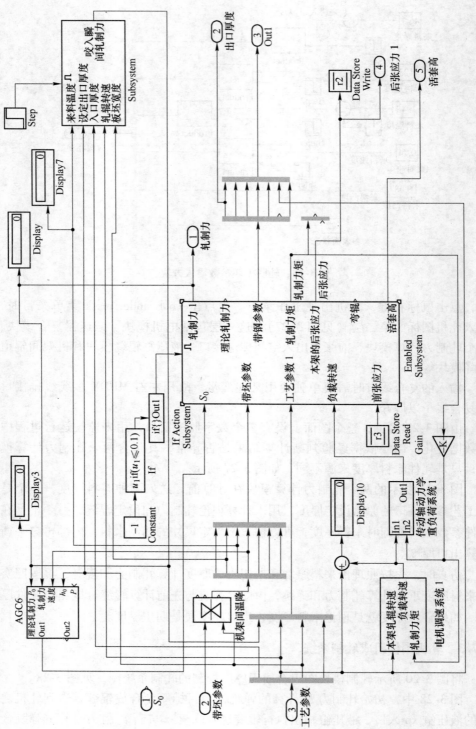

图 3-27 轧机框图第二层内图结构

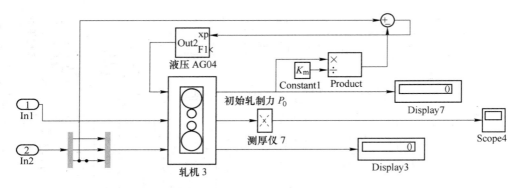

图 3-28 轧机模块组成的轧制系统

成出口厚度，由显示窗 Scope4 连续记录输出曲线。初始轧制力 P_0 可以是现场经验数值，也可以由固定原料厚度计算得到。

显然，辊缝固定后，如果来料的厚度变化，压下量增加，轧制力也会上升，轧制出口厚度也一定会偏离期望值。

3.8 连轧系统模块化方块图

从整体来看，图 3-20 的形象化轧机结构方框图隐蔽了大部分计算环节，净化了界面，这种轧机左入右出和复合线的使用，使得屏幕上多架轧机能够实现一架连一架布置，完成连轧的系统构成。

3.8.1 7 机架连轧模块仿真系统

具体做法是将前面单机架轧机的液压缸放到轧机内，带输入输出端的单独轧机框图复制多个，依次排开，中间轧件连线头尾连接在一起，表示轧件数据向后传递下去，经过轧机模块的压下处理，实现多架轧机连轧的过程，见图 3-29。图面十分简洁，与实际连轧十分相像。

图 3-29 中，只有第 1 架轧机框中间有轧件参数模块，以后各架轧件参数都从上架中间连线传来，轧机之间看似一条直线，实质是把轧件参数传输到下一架。

将每架轧机的工艺参数输入方块内，包括输入固定的原料厚度、轧辊转数以及出口目标厚度，为轧制前辊缝设定计算提供必要参数。

连轧仿真系统运行要处理六方面计算，一是两套轧制力计算，一套是用理想出入口厚度计算轧制力，再设定辊缝，另一套是每架按实际来料情况，计算过钢轧制力，间接计算合乎要求的出口厚度。二是厚度的自动控制，各架都有自己的厚度计液压 AGC，最后有检测厚度的 X 测厚仪，组成监控 AGC 系统。三是计算各道轧件出入口速度，由速度差计算张力，张力回馈前架，改变速度，达到多架

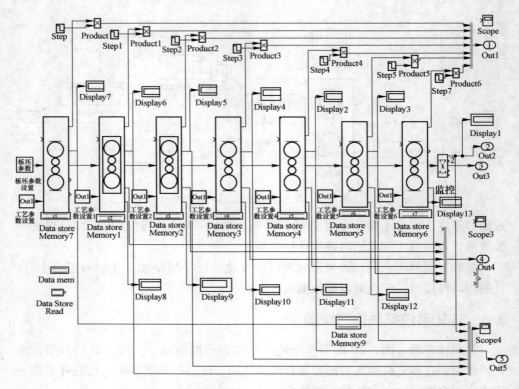

图 3-29　连轧 AGC 系统模块图

张力自平衡。四是板型凸度的计算及耦合影响，得到期望的轧件凸度。五是温降计算，分辊轧前道辐射降温和轧后轧辊接触降温。六是计算张力对应的活套高度。

　　张力计算与以往综合解析多架轧机整体状态的矩阵方程不同，不是采用小范围差分方程，而是依据即时轧件出口速度、电机参数、速度差，由连轧稳态张力公式直接把张力预报出来。

　　所有计算都是时刻判断入口数据有否变动，入口数据有变动，立即重新计算，所以整个系统处于动态平衡状态下。各架轧制力、张力数据循环计算，直到前后各架满足运动力学平衡。所有模型都在连续使用，达到某种平衡，因而能得到所有参数过渡过程的连续描述。由此可见，连轧仿真系统把机械动力学、电机动特性与压下负荷紧密结合在一起，为仿真出液压压下、建张初期的上冲和活套支撑的过渡过程打下基础。

3.8.2　轧机各层子模块结构

　　轧制仿真计算要考虑多种轧制的特殊工作条件。为判定是否满足设定的运行条件，需要给计算方块设置多层准入条件。这里轧制模型计算共有五层，图 3-20

为最上层。以下各层设置判断启动，如果判断不通过，就不必计算。层次的设置使模块的功能更加清晰，只要用鼠标点击，就可打开下面一层模块。

3.8.2.1 第二层专用模块

图 3-27 为轧机主要计算层。

（1）堆栈发送和接收模块。图 3-27 中有前张力接收模块 r3，可以得到后架送来的计算张力，使轧制力计算考虑张力对变形抗力的影响。r2 堆栈写入方块是把速度差计算的张力发给前架，实现每架轧机前后带张力轧制后，轧制力与轧件出口速度的自平衡。

（2）电机模块（调速系统）。图 3-27 中的直流电机调速系统包括电机 PID 控制器（ASR）、电流环滤波器（ACR）、整流器（UPE）等，内部模块具体结构见图 3-30。

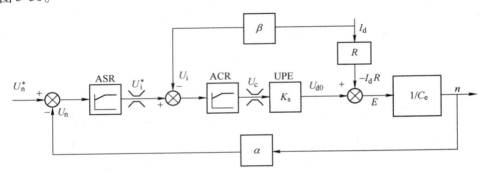

图 3-30　加入负荷的双闭环电机转速控制框图

由图 3-30 可见，图中有电流反馈闭环 β 和转速闭环 α，速度控制为主闭环模块，包括速度检测，电流闭环模块包括电流检测。将电力电子变换器 K_s 按一阶惯性环节处理后，闭环直流调速系统可以看做是一个三阶线性系统。

从电机特性上可知，负荷越大且越突然，负荷率越高，动态速降就越大，回复时间越长。输出转速回复的快慢程度反映出电机带负载拖动设计的好坏。同样负荷下，改变电机大小，即改变电机机电时间常数与电磁时间常数，就可以仿真传动机械系统不同负荷率与电机动态速降。还可以修改 PID 参数，改进电机响应，如转速在阶跃输入后，输出震荡过大或爬行过缓，可以增加阻尼或减少阻尼。

电机启动是爬行启动，电机接受指令转速和负载转矩，输出转速逐渐升高，故计算条件是以电机计算输出达到正常转速来判断的。具体电机动态建模方法与参数分析见后面第 5 章。

（3）减速器模块。减速器有速比、惯性质量、齿面间隙、磨损阻力矩、传递的力矩等关键参数。

减速器小齿轮与电机转子具有高转速，联轴器如有较大质量，也必须考虑为转动质量，低速大齿轮则是惯性矩大，系统成为多质量系统，J_1 为电机转子惯性矩，J_2 为与电机轴同转速的联轴器和小齿轮转动惯性矩，J_3 为转速为 n_2 的大齿轮惯性矩。图 3-31 为仅考虑减速器低速轴和高速轴的一级减速器的多转速惯性质量系统。

K_1 为电机轴扭转刚度，K_2 为小齿轮轴扭转刚度，K_3 为大齿轮轴扭转刚度，齿面间隙影响可以由惯性冲击加以考虑。整个减速器考虑为微刚性变速变矩环节。

（4）齿轮座模块。齿轮座是轧钢特有设备，其功能是带力矩输入一个轴，输出两个转速完全相等的对转轴，使轧辊能咬进轧件。等效环节与减速器类似，但是两个相等的圆柱体，也有惯性质量，它们也有齿面间隙、磨损阻力矩、传递的转速等关键参数，实物图为图 3-32，上下两个节圆相同的斜齿轮，转速不变，但等效输出时还认为是单轴，即图标仍用单轴表示。经过齿轮座，除系统旋转惯性增加外，力矩也有所衰减。因计算模型忽略齿面间隙，以两个惯性旋转体合并到减速器中。

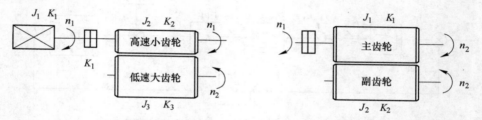

图 3-31　一级减速器惯性质量系统　　　　图 3-32　齿轮座惯性质量系统

（5）万向接轴模块。万向接轴是空心长杆，传递旋转扭矩时，总会有弹性扭转振荡，扭转频率如果与接轴固有频率相接近，则发生共振，使扭转力矩放大几倍。同时接轴也有强度要求，需要进行强度校核。尤其应当计算带倾角传递时接轴的周期侧向力。传动轴扭转振动建模在后面 12.1 节专门论述。

图 3-27 中把传动轴与减速器及齿轮座合并，共同缩成小方框图，左入右出，用剪切力大小判断二阶环节描述。使用前需要输入转动质量和阻尼系数。减速齿轮、联轴器、齿轮座齿轮记为 17t，转动轧辊记为 30t。简化的传动轴接在减速器方框之后，输入设定的转速和转矩，进行共振判断，输出带负荷后阻尼度不同的转速。

（6）液压 AGC 模块。图 3-27 中 AGC6 模块完成液压厚度自动控制算法，其内部有液压缸，输入设定厚度、设定轧制力和期望出口厚度，输出为经过液压缸计算的辊缝。AGC 模块内部算法见图 3-33。

图 3-33 中，原始辊缝是理论轧制力根据弹跳方程计算得到的。理论轧制力与计算轧制力之差成为辊缝修正值。

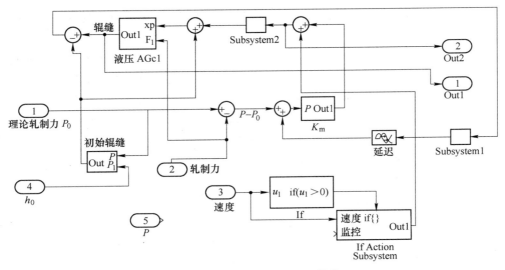

图 3-33 液压 GM-AGC 算法模块

不同算法有不同效果，相互比较效果好坏见后面 14.1 节。

（7）机架间降温与延迟子模块。图 3-27 中温降计算子模块 If Action Subsystem 是条件触发模块，当厚度压下率大于 1.05 时或入口厚度大于设定辊缝时，才予以温度计算模块启动。机架间温降计算模块专门用来处理连轧辊道期间温降与轧机间距引起的信息延迟，内部算法见图 3-34。

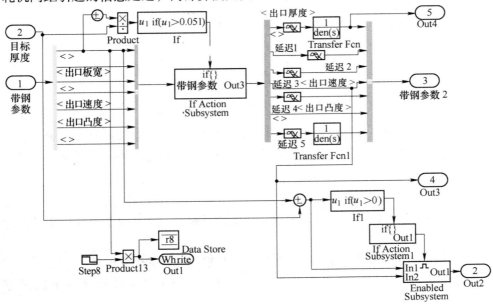

图 3-34 温降模块与延时模块的编程

其内部按照轧件在机架间运行时间，计算轧件辐射温降，具体计算算法见图 3-15。

图 3-34 中的右侧复合线展开模块表示从前架出口到后架入口轧件参数的延迟处理，延迟时间按轧件速度和轧机距离来计算，轧件速度越快，时间越短。但唯有轧件出口速度一项不设置滞后，因为速度参数会立即传递到下一轧机，计算速度差，以便计算张力，张力再反馈回前架，计算变形抗力。

3.8.2.2 轧机 Enabled Subsystem 第三层框图

鼠标左键双击图 3-27 所示轧机框图进入轧机第三层，轧机第三层是在轧件满足新辊缝高度后自动运行的，见图 3-35。

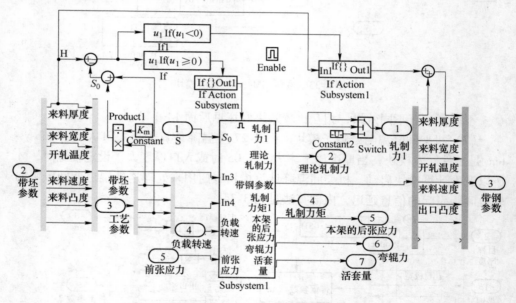

图 3-35 轧机框图第三层内部结构

这一层也要判断轧制条件。判断依据是来料厚度，如果来料厚度小于设定的辊缝，轧制力就不必计算，这是表明来料过薄，无轧制压力的特殊情况。

3.8.2.3 轧机 Subsystem 第四层框图

鼠标左键双击图 3-35 的轧机方块图，进入轧机计算第四层。这一层有速度差张力计算模块、轧制传导温降模块、力矩计算模块、轧件前滑模块、轧制力计算模块等，见图 3-36。

轧制传导温降模块主要考虑红热轧件与轧辊接触时的传导温降。

轧件张力计算是运用张力公式（式（10-6））在时间较长条件下的恒定公式[6]。

轧机第四层框图完成轧件速度、轧辊接触温度、轧件变形速度、轧件张力、

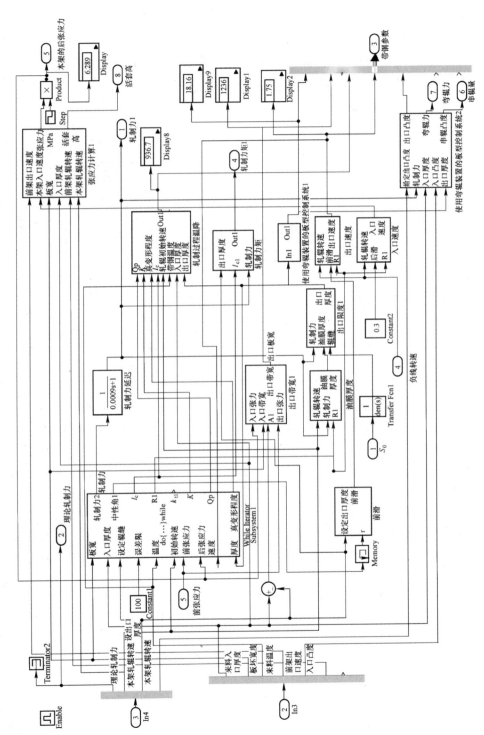

图 3-36　轧机框图第四层图算法结构

轧制力矩等计算。

3.8.2.4 轧机第五层

鼠标左键双击图 3-36 中轧制力计算模块，进入轧制力合成计算主模块，图 3-37 为轧机框图第五层模块图结构。

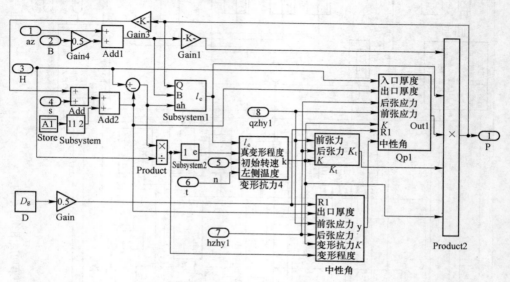

图 3-37 轧机框图第五层内图结构

该模块包括材料变形抗力和应力状态计算等，轧制力计算按式（3-16）进行。其中变形抗力采用北京钢铁学院周继华的六因子统计模型。其中，应力状态系数计算采用 Sims 公式，专门计算热轧全黏着状态下的变形轧制力。

上述图形化仿真模型全部为原始公式，因而是直接法仿真。与以往解析整体状态的矩阵方程不同，仿真过程运算依据即时原料、设备参数，一架接一架迭代计算，得到临时的张力或轧件厚度，传递到前面和后面的轧机，这些轧机再做计算，达到新的平衡，反复计算，直到前后各架满足运动力学平衡。由于所有静态方程连续使用，因而也能对过渡过程描述得非常详尽。特别是进行代数计算，运算时间较短。

采用 E2200 双核微机，七机架完成咬入和张力起套平衡，同时投入 7 架 AGC，完成一次仿真仅需 80s，如果采用四核 3.0GHzCPU 或 DSP 协处理卡，时间还可缩短不少。

小结

用模块化软件进行连轧系统的动态仿真，可以利用形象化图标表示单机架和多机架的轧制，模块编程不用考虑数据库和中间变量。而且，实际连轧是逐道次轧制力与速度、张力自平衡的过程，每咬进一架，在张力的作用下，就会建立新的轧制力、速度、张力与出口厚度大小的平衡秩序。Simulink 运算正是多元递进平衡，完全不需要矩阵方程，就能满足轧制这种多自平衡计算。

各种功能子模块的计算模型可以不断继承改进，逐渐贴合实际，增加准确程度和功能，减少许多不必要的初级重复开发，集中力量向高层次高真实性进发。

参 考 文 献

[1] 王廷溥. 金属塑性加工学——轧制理论与工艺 [M]. 北京：冶金工业出版社，1993.

[2] ［美］金兹伯格 V B. 板带轧制工艺学 [M]. 北京：冶金工业出版社，2003.

[3] 孙一康. 带钢热连轧的模型与控制 [M]. 北京：冶金工业出版社，2002.

[4] ［日］镰田正诚. 板带连续轧制 [M]. 李伏桃，陈岿，康永林，译. 北京：冶金工业出版社，1995.

[5] 郑申白. 宽带钢热连轧机组仿真基础研究 [D]. 北京：北京科技大学，2006.

[6] Zheng Shenbai, et al. The modularized simulation for continuous hot rolling process [C]//10th international conference on steel rolling, Beijing, 2010.

4 ‖ 自动控制系统传递函数与方块图

　　自动控制是依靠自动检测信号，使被控对象或生产过程自动追踪到预定目标所进行的控制过程。最简单的单闭环控制系统一般由自动检测及变送环节、比较与偏差调整环节、驱动控制环节以及控制对象所组成。多闭环控制是许多单闭环控制系统的多种组合。轧钢生产普遍采用自动化技术来控制转速、张力、厚度、板型等，形成复杂的多闭环控制系统。

4.1　自动控制系统的基本组成和控制原理

　　理想的自动控制过程是自动检测被控对象的关键参数，与设定参数相比，得到偏差后，经过比例、积分和微分等偏差运算，送达执行机构，输出力能或电能，调整控制对象的状态，使其快速平稳达到目标值，并保持所期望的数值[1]。图 4-1 是单闭环自动控制系统的原理框图，各环节用标示方块来说明，方块本身没有任何功能。

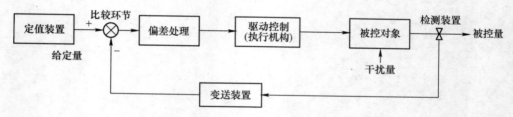

图 4-1　单闭环自动控制系统典型结构原理

　　上述闭环系统运转时，检测装置总是存在滞后，驱动环节和控制对象也存在惯性，这使得控制量在达到给定目标后还在原来的方向继续调整，从而被控对象的状态常常被调节过头而不得不向反方向调整，这便出现控制的振荡。经过反复调节，偏差才能逐渐为零，系统稳定在目标值附近。

　　而且，检测机构、执行机构、被控对象特性不能轻易改变，只有比例积分微分（PID）参数可以改动。合适的 PID 参数可以使系统调节过程的快慢和稳定性达到某种最佳状态，不恰当的 PID 参数可能造成系统出现长时间振荡或爬行，使控制系统无法正常工作。

　　值得一提的是，被控对象本身的负荷变动也很重要[2,3]，在图 4-1 中就相当于被控对象的干扰量，如负荷大小的影响，可以看做被控对象本身特性在变化。

所以，在后续独立部件仿真建模时，要特别注意负荷大小对系统的影响，如液压缸负载、电机负载、轧辊负载等。

4.2 控制系统的传递函数

图 4-1 中控制系统的每个方块图表示不同的环节，每个功能方块只有单输入输出端口，表明每个方块是具有独立特性的装置，对输入信号加以处理再输出出来。为进行数学意义上的分析，示意图上代表不同环节的方块图最好能是任意活动的符号，而且，包含该环节所具有的动特性数学模型。动特性数学模型来自于过程变化的本构方程。这种过程是随时间变化的某种动态平衡，只能用微分方程来描述。由于微分方程一般都是隐函数形式，不便于写成只有输入输出简单关系的表达式，也就无法按传递顺序进行连接。

如果对微分方程进行拉氏变换，就可以把多阶导数的微分方程、超越函数，变成代数方程，经过合并分解处理，得到单纯的输出输入关系，称为传递函数。各环节传递函数按顺序连接，便得到只有输入与输出的总传递函数关系式。

严格意义下的传递函数，是在所有初始值为零的条件下，系统输出量与输入量拉氏变换之比。传递函数是复数域的模型，如果需要也可以变换回时域，了解时域输出的响应形态。

拉普拉斯变换是对时域方程 $f(t)$ 进行如下处理：

$$L[f(t)] = \int_0^\infty f(t)\mathrm{e}^{-st}\mathrm{d}t = F(S) \tag{4-1}$$

其逆运算是：

$$L^{-1}[F(S)] = \int_0^\infty F(S)\mathrm{e}^{st}\mathrm{d}s = f(t) \tag{4-2}$$

拉氏变换可使时域的微分方程和超越函数，化成复数域的像函数，像函数都是多项式形式，因而很容易进行代数运算整理，直接得到由输入到输出的代数项乘积，然后再逆运算回到时域空间来，具体做法如下。

设某一环节的时域输入量为 $u(t)$，输出量为 $y(t)$，表征该环节动态的微分方程式为：

$$a_0\frac{\mathrm{d}^n}{\mathrm{d}t^n}y(t) + a_1\frac{\mathrm{d}^{n-1}}{\mathrm{d}t^{n-1}}y(t) + \cdots + a_n y(t) = u(t) \tag{4-3}$$

它表示任意时刻，输出的各阶微分与输入的关系。假定各初始值 $y(0)$、$\left[\frac{\mathrm{d}}{\mathrm{d}t}y(t)\right]_{t=0}$、$\cdots$、$\left[\frac{\mathrm{d}^{n-1}}{\mathrm{d}t^{n-1}}y(t)\right]_{t=0}$ 都为零，对上式两边进行拉氏变换则为：

$$(a_0 s^n + a_1 s^{n-1} + \cdots + a_n)Y(s) = U(s) \tag{4-4}$$

于是该环节的传递函数 $G(s)$ 为：

$$G(s) = \frac{Y(s)}{U(s)} = \frac{1}{a_0 s^n + a_1 s^{n-1} + \cdots + a_n} \tag{4-5}$$

将系统中每一子环节都完成拉氏变换，组成系统后，经过合并与分解，可以轻易求出总传递函数。根据总的传递函数 $G_\Sigma(s)$ 和输入量的拉氏变换式 $U(s)$，可以求出系统输出的拉氏变换式 $Y(s)$：

$$Y(s) = G_\Sigma(s)U(s) \tag{4-6}$$

当需要求出系统输出量的时间函数 $y(t)$ 时，只要对 $Y(s)$ 进行一次拉氏反变换就可以回到时域。各种超越函数的拉氏变换见自动控制原理类书籍。

4.3　方块图编程

方块图常用在控制工程上表示不同的功能环节，如果方块图能作为符号或程序符号直接用来编程，可以大大减少编程人员的工作量。现以电机的转速自动控制为例，说明方块图模块的使用。图 4-2 是用可控硅供电的速度负反馈自动调速控制系统的实物示意图。

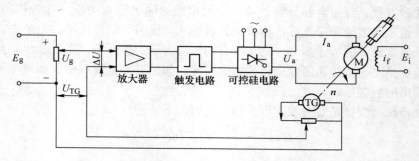

图 4-2　用可控硅供电的速度负反馈自动调速控制系统

在图 4-2 的实物图中，每件实物用特殊图标表示，这些图标只是标记，不能运算。在模块化仿真里，用数学模块方法研究整个系统的工作特性，表示各实物环节的方块是可移动的图标，每个方块图本身有其表达内在装置特性的传递函数，连线代表信号的传递，如图 4-3 所示的系统方块图。图中每个方块都代表实物图中的对应环节，它们按信号变量传递的顺序，连接起来就构成闭环运算系统。

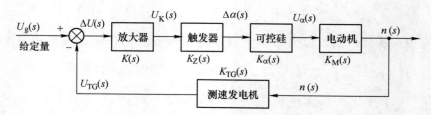

图 4-3　速度负反馈闭环自动控制系统方块图

系统方块图中除了信号线和函数方块外，还有两类重要的节点——分支点和综合点，它们清楚表达出信号走向，物理意义十分明确，如果图 4-3 中系统以 $W(s)$ 表示从闭环主段入口到出口的前向传递函数，则有：

$$W(s) = K(s) \cdot K_Z(s) \cdot K_\alpha(s) \cdot K_M(s) \tag{4-7}$$

于是输出：$\quad n(s) = [U_g(s) - n(s) \cdot K_{TG}(s)] \cdot W(s)$

移项处理：$\quad n(s) = U_g(s) \cdot W(s)/[1 + K_{TG}(s) \cdot W(s)] \tag{4-8}$

每个环节的传递函数，都是先建微分方程或代数方程，再转换成传递函数。当多个传递函数按相互关系运算在一起时，就可以建立整个系统的传递函数，分析传递函数的工作特性就能了解系统的工作状态。对轧制而言，仿真的最高境界就是能够分析轧制系统的稳定性。

另外，前面提到，机械系统本身是惯性系统，最大特点是负荷不同，特性会发生改变。对于图 4-3 的调速系统，实际运行不单单是入口速度指令发生变化，输出会因惯性影响发生滞后或振荡的现象。电动机在负荷不同时，同样调速指令下，输出响应会发生变化。所以在图 4-3 中，在电机环节增加负载转矩输入端口，实现扭矩负荷大小对电机性能的影响。负荷率增加，会导致调速性能变差。

4.4 多闭环控制系统的方块图

单闭环系统容易进行稳定裕量分析。实际自动控制系统多为复杂的交错闭环结构，环环相扣，这使得系统特性、稳定裕量分析就不那么容易。这时需要把交错闭环加以等效分解，变成一个一个独立的闭环结构。

实际当中，存在交叉综合多个回路的情况，图 4-4 就是一个交叉回路的系统结构图[4]。

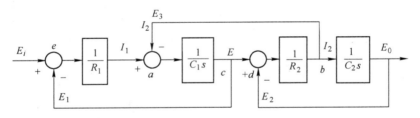

图 4-4 复杂系统结构图

可以看到，图 4-4 中有 3 条回路。第一条 E_1，信号来自 E 点，反馈至综合点 e 处，与 E_i 进行比较；第二条 E_2，信号 E_0 经函数 $\frac{1}{R_2}$、分支点 b 和函数 $\frac{1}{C_2 s}$，反馈至综合点 d，与 E 进行比较；第 3 条 E_3，信号经过函数 $\frac{1}{C_1 s}$、分支点 E、综合点 d 和函数 $\frac{1}{R_2}$，反馈至综合点 a 处，与 I_1 进行比较。第三条回路与第一、第二条回路交叉嵌套，因而 I_2 不能简单地使用反馈结构对系统进行结构简化。图 4-5 是另外几种复合闭环控制系统。

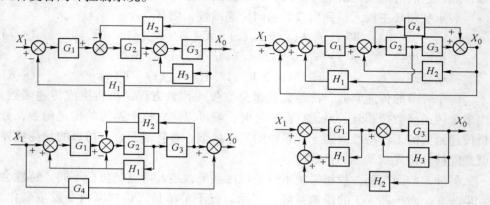

图 4-5　各种复合闭环控制方框图

在闭环控制系统中，系统输出量的反馈称为主反馈。系统内部某些环节本身也是闭环反馈，有利于改善中间变量的特性。它们对主反馈也有一定影响，称为局部反馈。图 4-6 就是一种含有中间变量闭环控制的主系统。

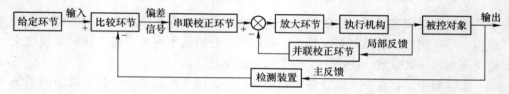

图 4-6　含有内部闭环的控制系统方块图

在复合多闭环系统中，一般是把每个闭环调节到最佳状态，再把总闭环 PID 调节好，这时就能为整个控制系统分析创造条件。

4.5　连轧过程的多闭环控制系统

轧制过程仿真是把轧辊、拖动系统、轧制变形等用传递函数描述出来，按照它们的内在联系，构成一个轧机工作系统。每架轧机都有电机调速系统、液压压下调整系统，自身的压力计厚度自动控制（P-AGC），成品出口还有监控 AGC 系统，都属于局部闭环控制，它们组成相互交错的多闭环工作系统，这种复杂的自动控制系统的稳定性分析比起单闭环自动控制系统要复杂得多。尤其稳定性与压下分配是否合理有特别紧密的关系。

在轧制系统中，电机调速系统、液压压下系统都是单机系统中的局部环节，每架轧机又是整个连轧系统的局部环节。一般要求局部环节都是小阻尼，高灵敏度，否则整个系统会出现振荡。而监控 AGC 则是主控制系统中相互交割的复杂控制环节。

图 4-7 的连轧方块图中，包含三种厚度反馈控制回路和一种压力计前馈。其中，每架轧机实行的压力 AGC 是轧机自身的闭环，出口测厚仪的厚度信号对最后两架构成的监控 AGC，还有各架压力构成的出口厚度对后面一架形成的前馈控制。活套支撑器高度构成张力闭环控制，它们相互间构成交错闭环。

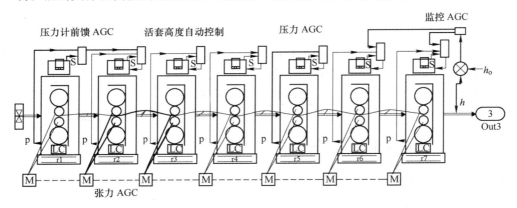

图 4-7 包含多种厚度控制回路的连轧方块图

此外，连轧张力的存在使连轧系统成为轧制力及张力的自平衡系统。张力来自前后架轧件自然运行的速度差。张力反过来影响变形区的应力状态，因而影响变形抗力、轧件的出口速度及出口厚度。变形抗力影响轧制力，轧制力再影响弹跳即出口厚度，出口厚度变化影响轧件的出口和入口速度，继而影响速度差，这些形成连轧特殊的自平衡特性。仿真时需要运用 Simulink 空间传递堆栈来完成张力对前后两架轧机轧制变形的影响。

参 考 文 献

[1] 陈伯时. 自动控制原理 [M]. 北京：电子工业出版社，1998.
[2] 陈复扬，等. 自动控制原理（中文版）[M]. 北京：国防工业出版社，2010.
[3] 涂植英. 过程控制系统 [M]. 北京：机械工业出版社，1988.
[4] [日] 上淹致孝，等. 自动控制原理 [M]. 张洪绒，译. 北京：国防工业出版社，1980.

5 ‖ 电机拖动系统与转速控制模型

生产机械大都是电机拖动的机械惯性系统。电机在指定转速下运行，当改变转速指令时，电机转速跟随变化，不论转速多少，电机转子的电磁转矩总是与负载相抗衡。负荷大小影响电机的调速性能。为了解影响电机系统机械响应快慢的原因，需要获知拖动系统的动特性，这是由建立系统的微分方程来完成的。

5.1 电机拖动系统动力学基础

5.1.1 电机拖动系统运动方程

图 5-1 为单轴拖动系统及转矩负荷。作用在轴上有电动机转矩 M_D 和负载转矩 M_{fz}。

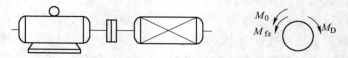

图 5-1 单轴拖动系统及转矩负荷

其动态力矩平衡微分方程为[1]：

$$M_D - M_{fz} - M_0 = J \frac{d\omega}{dt} \tag{5-1}$$

式中　M_D——电动机输出力矩；

　　　M_0——电机空载力矩，主要是轴承阻力矩，与转速呈倒指数关系，速度低，摩擦力矩大，速度高，摩擦力矩降到某一数值；

　　　ω——旋转角速度，$\omega = 2\pi n/60$；

　　　J——所有转动物体的综合转动惯量，$J = \dfrac{GD^2}{4g}$。

每架轧机的轧辊、齿轮座、电机转子等旋转体都有飞轮惯性，拖动数量越多，惯性会增大。同样电机，拖动系统越庞大，或轧制负载越大，调速就越不容易。

5.1.2 电动系统的动态特性分析

拖动电机的定子回路产生磁场 ϕ，通电转子在这一磁场下产生旋转力矩。转子（电枢）电路见图 5-2a。

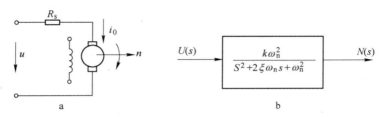

图 5-2 二阶环节

a—直流电机模型；b—传递函数

其转子回路电压方程是：

$$u(t) = i(t)R_s + L\frac{\mathrm{d}i(t)}{\mathrm{d}t} + C_e n(t) \tag{5-2}$$

式中，R_s 为电枢回路电阻；L 为电枢回路电感；C_e 为电机发电系数，V/(r/min)。

式（5-1）中电磁转矩 $M_D = C_m i(t)$，忽略负载转矩，将 $\omega = \dfrac{2\pi n}{60}$ 代入式（5-2）中，则得：

$$L\frac{GD^2}{375C_m} \times \frac{\mathrm{d}^2 n(t)}{\mathrm{d}t^2} + R_s\frac{GD^2}{375C_m} \times \frac{\mathrm{d}n(t)}{\mathrm{d}t} + C_e n(t) = u(t) \tag{5-3}$$

式（5-3）即直流电动机以电枢电压 $u(t)$ 作输入量，以转速 $n(t)$ 作输出量的二阶微分方程式。电机有两种惯性，一为电磁惯性，另一为机械惯性，因而有两个时间常数。一般定义电磁时间常数 $T_e = \dfrac{L}{R_s}$，机电时间常数 $T_m = \dfrac{GD^2 R_s}{375C_e C_m}$，它们的单位都是 s。电机越大，电磁时间常数越大，机电常数越小。机电时间常数中有飞轮力矩，它由传动系统拖动装置多少确定，旋转惯性越大，机电时间常数越大[2]。将式（5-3）代入 T_e 和 T_m 可改成：

$$T_e T_m \frac{\mathrm{d}_n^2(t)}{\mathrm{d}t^2} + T_m\frac{\mathrm{d}n(t)}{\mathrm{d}t} + n(t) = \frac{1}{C_e}u(t) \tag{5-4}$$

现设定：$\xi = \dfrac{\sqrt{T_m}}{2\sqrt{T_e}}$（阻尼系数，0.7 左右最好，太小易振荡，稳定慢；大于 1 时只爬行无振荡，上升速度过缓），$\omega_n = \dfrac{1}{\sqrt{T_m T_e}}$（自然角频率），$K = \dfrac{1}{C_e}$（静态增益）。换大电机时，$T_e$ 显著上升，阻尼系数下降。

则式（5-4）可写成如下标准形式：

$$\frac{\mathrm{d}^2 n(t)}{\mathrm{d}t^2} + 2\xi\omega_n\frac{\mathrm{d}n(t)}{\mathrm{d}t} + \omega_n^2 n(t) = K\omega_n^2 u(t) \tag{5-5}$$

其拉氏变换形式为：

$$(s^2 + 2\xi\omega_n s + \omega_n^2)N(s) = K\omega_n^2 U(s) \tag{5-6}$$

式（5-6）电机传动系统的时域方程可写成传递函数形式：

$$G(s) = \frac{N(s)}{U(s)} = \frac{K\omega_n^2}{s^2 + 2\xi\omega_n s + \omega_n^2} \tag{5-7}$$

以某电机 $T_e = 0.012\text{s}$，$T_m = 0.08\text{s}$ 代入 ξ 与 ω_n 的计算式中，可得 $\xi = 1.29$，$\omega_n = 32\text{s}^{-1}$，说明电机开环启动是爬行上升的，即转速变化有一个逐渐上升的过渡时期[3]。

电动机分开环和闭环控制。过钢瞬间，电机承受突加负荷，原有电磁力矩平衡被破坏，外加力矩大于磁场作用力矩，因而轧机转速会突然降低。连轧轧机在降速瞬间，电机转速的下降即为轧件入口速度突然下降。如果速度下降到小于前架轧件出口速度，必然会有轧件堆积，见图5-3。

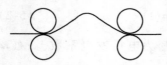

图 5-3　轧制咬入瞬间的"动态速降"产生的活套

使用闭环控制电机（图4-2）能在负荷变动后短时间恢复速度，称为闭环的动态速降。在各自单独驱动的连轧机组里，动态速降越小，带钢张力建立就越稳定，连轧过程也越容易控制。电机速降大，恢复时间长，轧件速度又很高时，则堆钢会越发严重。

动态速降对连轧有重要影响，大幅度的动态速降容易造成连轧机中间长时间的自由轧制，不但使得无张力轧件尺寸与有张力部分大不相同，自由轧制还容易活套过高，出现堆钢事故。为了保持咬入期间有较少的动态速降，快速吸收活套，一般热带连轧机之间设有活套支撑器，在轧件咬入后架时启动支撑器挑起建立带钢张力。如果前后轧机设有很大的轧件速差，即便有轧机的动态速降，也可以不出现堆钢活套，但这会导致稳定轧制后有很大张力。

动态速降的幅度受各种因素的影响，主要与电机的自然刚度、PID 调节参数、闭环特性、负荷大小有关。

连轧动态速降的速度变化见图5-4。从图中可见，后架轧机咬入轧件前，轧辊空载转速为 n_0，同时虚设与前架出口速度相当的轧辊转速 n_c'。当有载荷作用时，速度最大下降幅度用 Δn_d 表示。转速降低后，在转速闭环系统中，与设定转速偏差增大，电流增加，电磁力矩上升，转速恢复。直到转速接近 n_c' 时，累计有最大的活套量。之后转速超过 n_c'，开始吸收活套，并以自由轧制速度 n_0' 稳定进行，直到建立起张力为止。在整个咬入过程中，n_0' 应当设定地比 n_c' 要高1%~3%。

连轧动态速降的活套量用 Δl_d 表示，它是动态速降转速与虚设转速 n_c' 的差值对时间积分而得到，即与图5-5中的阴影部分有关。下降段基本取决于电机固有刚度，恢复上升段取决于电机转速闭环控制特性。

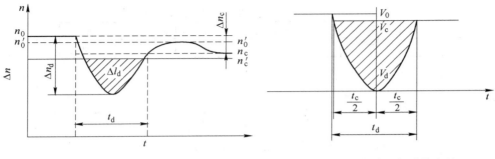

图 5-4　动态速降图　　　　　　　　图 5-5　抛物线近似计算套量

动态速降一般约为其最高速度的 $2\% \sim 7\%$，负荷率越大动态速降幅度越大，回复时间越长。

在控制方式上，现代带钢冷连轧机上传动速度调节系统一般还采用对负载扰动信号有快速响应的三阶最佳控制系统。如前所述，在有些新建的现代带钢冷连轧机主传动速度调节系统中，采用 P 调节器加状态与扰动量观测器的控制方案，使系统具有更良好的跟随快速性和扰动恢复性能。

图 5-6 为一种无负载双闭环电机模拟电路自动调速系统电气图。图中电机只接受改变速度的控制电压。

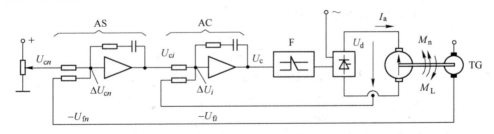

图 5-6　双闭环电机模拟电路自动调速系统电气结构（不可逆线路）

AS—速度调节器；AC—电流调节器；TG—测速发电机

5.2　电机调速仿真模块

对图 5-6 进行传递函数表达的简单处理，见图 5-7，增加等效外负载的负载电流 I_{fz}，体现电机负荷作用在电机上，影响电机响应速度快慢，建立结构框图如图 5-7 所示[4]。

仿真实例：某可控硅供电的双闭环直流调速系统，整流装置采用三相桥式电路，基本数据如下：

直流电动机：$P_{\mathrm{cd}} = 60\mathrm{kW}$，$U_{\mathrm{cd}} = 220\mathrm{V}$，$I_{\mathrm{cd}} = 305\mathrm{A}$，$n_{\mathrm{cd}} = 1000\mathrm{r/min}$，$C_{\mathrm{e}} = 0.2\mathrm{V/(r/min)}$；

电枢回路总电阻：$R_{\mathrm{s}} = 0.18\Omega$；

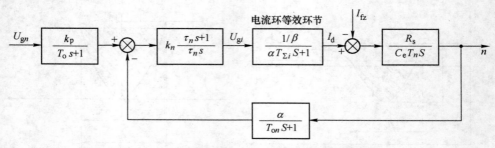

图 5-7　双闭环模拟电路自动调速系统动态结构图

电磁时间常数：$T_e = 0.012\text{s}$，机电时间常数：$T_m = 0.12\text{s}$；

电流反馈系数：$\beta = 0.05\text{V/A}$；

转速反馈系数：$\alpha = 0.007\text{V/(r/min)}$；

反馈滤波时间常数：$T_{oi} = 0.0025\text{s}$，$T_{on} = 0.0141\text{s}$；

三相桥式可控硅整流装置的滞后时间常数：$T_s = 0.0017\text{s}$；

电流环的小时间常数：$T_{\Sigma i} = T_s + T_{oi} = 0.0017 + 0.0025 = 0.0042\text{s}$；

电流环的等效时间常数：$aT_{\Sigma i} \approx 0.0084\text{s}$；

转速环的小时间常数：$T_{\Sigma n} = aT_{\Sigma i} + T_{on} = 0.0225\text{s}$。

参数选择：

要求无静差，转速调节器传递函数为：

$$K_n = \frac{\tau_n s + 1}{\tau_n s}$$

式中，$\tau_n = hT_{\Sigma n} = 5 \times T_{\Sigma n} = 0.1125\text{s}$（$h$ 为中频段频宽，取 $h = 5$）。

调节器比例系数：$K_n = \dfrac{h+1}{2h^2 T_{\Sigma n}^2} \times \dfrac{\tau_n \beta C_e T_m}{\alpha R_s} = 25.3$

综合滤波时间常数 $T_o = 4(T_{\Sigma i} + T_{on}) = 4(0.0037\text{s} + 0.01\text{s}) = 0.0732\text{s}$。

将以上参数代入图 5-7 所示 Simulink 仿真系统模块方框图的各传递函数中，取滤波环节 $K_p = 0.7$，运算方块框图如图 5-8 所示[5]。

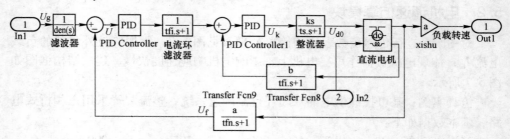

图 5-8　直流电机双闭环调速系统 Simulink 仿真

图 5-8 中，In2 是新加入的转矩负荷影响端子，由转矩负荷除以电机负载系

数得到。负荷大，调速端电压影响下降，反馈调节任务加重，调节时间加长。

经 Simulink 独立仿真计算，得到电机启动的动态转速曲线图，见图 5-9。

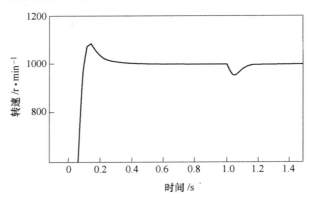

图 5-9　双闭环直流电机速度曲线图

图 5-9 说明上升时间约 120ms，超调 σ 为 8.8%，稳定时间为 330ms。另外，在电机启动 1s 后，加入 80% 负荷，所以在曲线图上可以看到动态速降的影响。

参 考 文 献

[1] 杨自厚.自动控制原理 [M].北京：冶金工业出版社，1980.

[2] 陈伯时.自动控制系统 [M].北京：机械工业出版社，1981.

[3] 周绍英.电力拖动 [M].北京：冶金工业出版社，1990.

[4] 涂植英.过程控制系统 [M].北京：机械工业出版社，1988.

[5] [日] 上淹致孝，等.自动控制原理 [M].张洪绒，译.北京：国防工业出版社，1980.

6 ‖ 液压位置自动控制（APC）

电动压下滞后大，根本无法实现及时在线压下调整，而液压压下基本可以满足实时调整。液压压下配合各种 AGC，完成快速辊缝调整，统称为液压 AGC。

6.1 液压压下自动位置控制

6.1.1 轧机液压压下与液压伺服系统

液压压下在厚度控制过程中对提高成品带钢的精度具有很大的现实意义。典型的液压压下自动位置控制系统的原理图如图 6-1 所示，它描述的是两侧牌坊的压下。

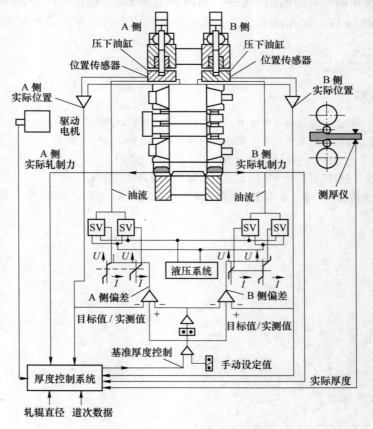

图 6-1　液压压下位置控制系统简图

与可控硅整流的直流电动机压下系统相比，液压压下最突出的优势就是其动态响应快，因为液压元件的功率-质量比（或力矩-惯量比）大，可组成结构紧凑、体积小、质量轻、加速性好的伺服系统[1]。

从另一个角度来看，由于液压系统中油液的体积弹性模量很大，油液压缩性形成的液压弹簧刚度很大，而液压缸活塞和流动的液体惯量又比较小，所以由液压弹簧和活动缸体惯量耦合成的动力学系统固有频率 ω_n 很高，其响应速度极快。现代液压压下系统的压下速度可达到 $4 \sim 7mm/s$，而压下加速度更是高达 $200mm/$ s^2，比电动压下高两个数量级。

液压压下系统的关键的元部件包括：电液伺服阀、位移传感器、力传感器及其二次仪表、压下液压缸密封圈等。

液压伺服控制系统是以液压动力元件作驱动装置所组成的反馈控制系统。在这种伺服系统中，输出量（位移、速度、力等）能够自动地、快速而准确地复现输入量的变化规律。

液压压下系统不需要电动压下那样庞大的减速机构，总设备体积小、质量轻。从控制的观点看，除响应速度快之外，还具有负载刚度大、定位准确、控制精度高等对压下系统来说非常重要的优点。

但在停止位上，液压与电动系统完全不同。对于电动压下，当 APC 完成之后，轧辊位置依赖机械传动机构的自锁特性保持不变，并用电机轴上的电磁抱闸加以固定。但对于液压压下来说，依靠液压系统的锁死状态（即封闭液压缸的进油和出油通路）来保证辊缝位置恒定是不现实的，这是因为液压缸存在无法避免的内泄和外泄现象，从而使轧辊在负载状态下缓慢上抬。因此，对液压压下来说，无论是 APC 进行时还是完成之后，液压供油系统始终处于跟随位置给定值的动态闭环调节状态，或称伺服控制状态。

6.1.2 检测装置

如前所述，液压压下系统的位移检测装置有代表性的两种是磁尺（Magnescale）和磁致伸缩位移传感器（MDT），其中前者为增量式编码器，后者为绝对编码器[2]，两者均为直线式位移传感器，能够直接测量液压缸活塞杆的直线位移。轧机辊缝值是通过对液压缸活塞杆的直线位移进行换算而得到的。磁致伸缩位移传感器通常直接安装在液压缸里，其用于位移测量的波导管可在活塞杆沿轴线方向的深孔中和活塞杆产生无接触的相对运动。SONY 磁尺通常安装在液压缸外壁上，并在径向对称位置安装两个磁尺，用两者检测值的平均值来计算压下位置，以此解决液压缸轴向倾斜所造成的检测误差问题。此外，两个磁尺还可互为备份，即当一个磁尺出现故障时，另外一个还可单独使用，虽然降低了压下位置测量精度，但提高了系统的可用性。

液压压下系统的设备特点决定了它不存在电动压下那样的齿隙问题，加之位移检测装置本身精度很高（MDT 可达 $1\mu m$，磁尺可达 $0.5\mu m$），因此辊缝测量精度一般比电动压下码盘高一个数量级，从而为压下位置控制精度的提高提供了基本保证。

6.1.3 控制算法

液压压下自动位置控制（HAPC）系统的算法结构图如图 6-2 所示，其中位置控制算法的输入为液压缸位置偏差值，其输出则是伺服放大器的给定值。在理想情况下，伺服放大器的给定值和液压缸的运动速度是成比例的，这与电动压下系统相类似。但与电动压下位置控制算法不同的是，对于液压压下，工程用控制算法常为具有速度和加速度前馈补偿的 PID 算法（如图 6-2 所示），而几乎没有采用折线式速度整定曲线的。这是因为液压压下系统和电动系统不同，即使在 APC 执行完毕时，也将继续处于伺服工作状态，即处于不断的动态调节状态，而且由于液压压下系统的动态特性远比电动压下要复杂，因此其控制算法也必须更多地从动态的角度去考虑，而不能期望只用静态算法就能实现理想的位置控制功能。

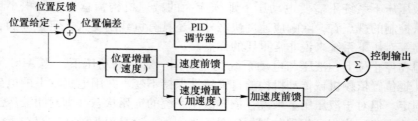

图 6-2 液压压下自动位置控制算法结构图

现今的一体化液压伺服阀，伺服放大器与阀体是集成在一起的，其功能则是实现功率放大以驱动多级伺服阀的前置级，并完成功率阀阀芯位置闭环。对压下位置控制器来说，阀芯位置小闭环等效于其前向通道上一个时间常数很小的动态环节，其输入为 HAPC 控制器的输出控制信号，输出则为阀的开口度。阀芯位置小闭环的实质类同于电动压下的速度内环，它的存在有助于改善整个液压伺服系统的动态响应特性[3]。

液压压下的一个特殊问题就是左右压下的动态同步[4]。对于电动压下来说，左右压下机构是通过电磁离合器刚性连接在一起的，因此辊缝调整时的左右动态同步是由机械来保证的。对于液压压下，左右两侧液压缸之间不存在这种刚性连接，因此其同步问题要通过控制手段来解决。否则不可避免地会在轧制过程中出现轧件跑偏或起边浪的现象。

目前有两种方法来实现动态同步。第一种实际上是开环的方法，即以液压伺服系统的优良跟随性能为前提，通过采用斜坡式位置给定并限制斜坡的斜率和严格保持两侧压下给定值的同步，来实现左右压下位置的动态同步。第二种是闭环的方法，即以操作人员调整好的轧辊水平度（即左右辊缝值之差）作为给定，以实际测得的轧辊水平度作为反馈，进行反馈控制，实现动态同步。

仿真过程初级阶段等效成一个液压缸，高级阶段可与现场一样，用两个液压缸。

6.2 液压缸传递函数模型

液压系统由伺服放大器、伺服阀、高压管道、液压缸主体、位移测量机构构成，各部件都有自己的传递函数，其开环传递函数为[5]：

$$G(s) = K_P\left(1 + \frac{1}{K_\tau s}\right) \cdot K_2 \times \frac{K_V}{\dfrac{s^2}{\omega_V^2} + \dfrac{2\xi_V}{\omega_V}s + 1} \times \frac{\dfrac{A_P}{KK_{ce}}}{\left(\dfrac{A_P^2}{KK_{ce}}s + 1\right)\left(\dfrac{s^2}{\omega_h^2} + \dfrac{2\xi_h}{\omega_h}s + 1\right)} K_5$$

(6-1)

式中　K_P——PID 中比例系数；

K_τ——PID 中积分常数；

K_2——伺服放大器系数；

K_V——伺服阀流量增益；

ξ_V——伺服阻尼系数；

ω_V——伺服阀无阻尼自振频率；

ξ_h——液压缸阻尼比；

ω_h——液压缸固有频率；

A_P——液压缸活塞的有效面积；

K_{ce}——流量压力系数；

K——负载的等效综合弹簧刚度；

K_5——位移传感器转换系数。

将某厂现代连轧机液压缸的有关参数代入式（6-1）：$K_\tau = 0.06$，$K_2 = 6.25 \times 10^{-3}$，$K_V = 3.712 \times 10^{-2}$，阀阻尼 $\xi_V = 0.89$，阀固有频率 $\omega_V = 594$，液压缸阻尼 $\xi_h = 0.2$，液压缸固有频率 $\omega_h = 556.8$，$A_P = 0.865$，$K_{ce} = 1.47 \times 10^{-12}$，$K = 2.1 \times 10^9$，$K_5 = 6.65 \times 10^2$。整理后得到精轧机开环传递函数表达式为：

$$G(s) = [K_P(s + 16.67) \times 6.25 \times 13097.27 \times 0.28 \times 556.8^2 \times 665]/$$
$$[s(242.4s + 1)(s^2 + 1057.32s + 352836)(s^2 + 222.4s + 310026.24)]$$

式（6-1）将伺服阀到液压缸的管道放在液压缸固有频率中考虑[6]，如果能分开管道长度的影响就更为清楚。

图 6-3 为液压缸的 Simulink 仿真子模块图。

类似电机仿真的外加负载，图 6-3 输入端口 2 为液压缸负荷输入口，经过比例系数处理，成为削减调节作用的基本信号。因为任何装置在负荷升高时，性能都会有很大改变。液压缸工作压力不同，活塞位移响应速度不同，关键是 Gain 的比例系数确定。

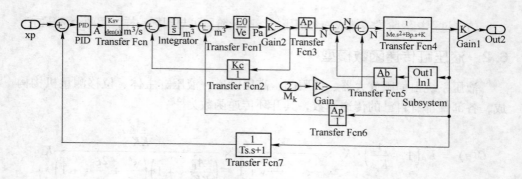

图 6-3 液压缸的 Simulink 仿真模块图

其参数表见图 6-4。

Block Parameters: 液压AGc2

Subsystem (mask)

Parameters

比例系数(Kp)

260

积分系数(Ki)

0.06

微分系数(Kw)

0

伺服阀流量系数(Ksv)

3.712e-2

伺服阀固有频率(Wsv)

188

伺服阀压力流量系数(Kc)

1.47e-12

有液的弹性模量(E0)

800

液压缸等效控制总容积(Ve)

0.00639

液压缸活塞面积(Ap)

0.41

油缸有杆腔的工作面机(Ab)

0.11

辊系运动部件等效质量(Me)

2.36e5

运动部件的粘性系数(Bp)

3.64e7

负载刚度(K)

2.1e9

回油管道中油液质量(Mor)

3

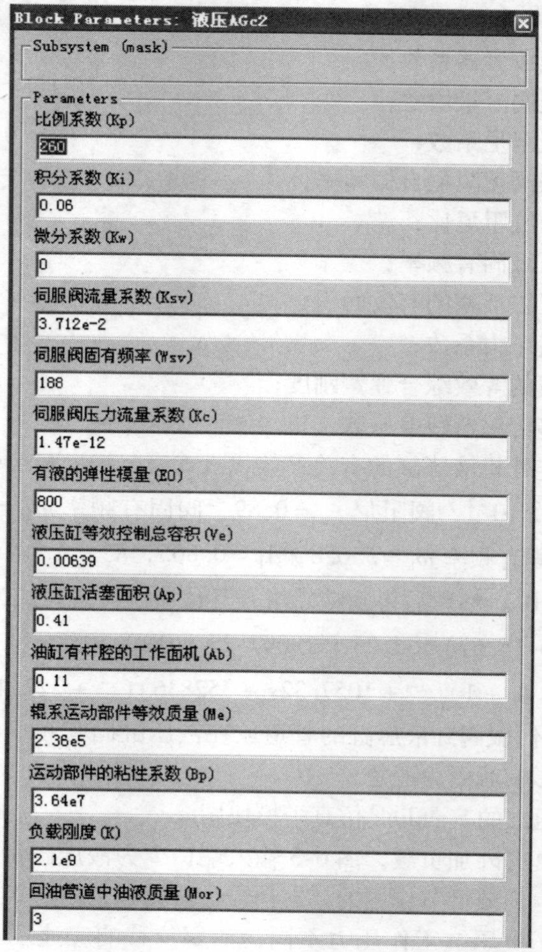

图 6-4 液压缸仿真部分参数表

当 K_P 取为 260 时，系统具有较快的响应速度，又保证了系统有较好的稳定性。液压缸独立仿真结果见图 6-5。经 K_P 校正，仿真运算得出该系统超调 8%，上升时间 $t_r = 0.065s$，峰值时间为 $t_P = 0.11s$。

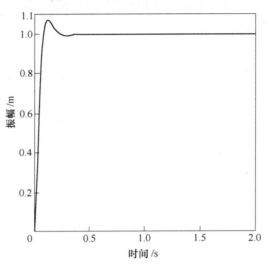

图 6-5   液压系统仿真结果

参 考 文 献

[1] 杨海波，张少军，李明义，等. 邯钢 CSP 线热轧机液压 AGC 仿真研究 [J]. 冶金设备，2001，127（6）：29 ~ 32.

[2] 邱利琼. 轧机液压 AGC 系统的动态仿真 [J]. 重庆大学学报，2001，24（3）：28 ~ 31.

[3] 张伟，王益群，高英杰. 板带轧机液压压下系统的建模与仿真 [J]. 液压与气动，2004（1）：21 ~ 24.

[4] 张莉，郑泽华，张立静. 板带轧机液压 AGC 动态模型的建立与仿真 [C]. 2006 年河北省轧钢技术与学术年会，2006.

[5] 温熙森，陈循，徐永成，等. 机械系统建模与动态分析 [M]. 北京：科学出版社，2004.

[6] 高英杰，赵静一，孔祥东. 带材连轧的液压 AGC 系统的动态仿真 [J]. 中国机械工程，1998，9（7）：23 ~ 26.

7 ‖ 轧机动态特性模型的建立

轧机模型是否恰当，关系到能否研究间隙、磨损等实际存在的影响。轧机分垂直受力和水平受力，它们之间相互联系。

轧机垂直受力发生在牌坊窗口内，虽然轧件是变形对象，轧机部件是变形装置，但它们都是在承载轧制力。只不过变形装置是弹性高刚度低阻尼，而轧件是塑性低刚度高阻尼。变形装置在轧制力作用下，都会有弹性变形和应激振荡。可以分别建立它们的二阶振荡方程，最后与轧件一块，以位移代数和为基础，叠加到一块。

在垂直方向，装配严密的轧钢机在低负荷时可以视为一个大刚体，使用简单的弹跳方程就可以加以描述。但在辊径带间隙及轧机重负荷时，轧辊、辊座会颤动并前后摆动，引起辊缝变化。

水平方向在建立张力初期，同样会有拉拽颤动，再有辊座间隙时，产生周期撞击。

7.1 轧机机械系统垂直辊系动态模型分析

7.1.1 轧机作用力划分

牌坊窗口内是多弹性质量分布系统[1]。辊系垂直方向有五个弹性体。它们分别是牌坊框架、液压缸、上辊辊系、轧件、下辊辊系以及轧件，每一部分本身具有复杂的变形机理，等效受力示意见图 7-1。除轧件以外，每个部分都简化成弹性部件和阻尼器以及活动质量，建立二阶振荡系统。变形轧件主要产生塑性变形，不大可能发生振颤，而且轧件越厚，吸收振荡能力越强，或者说阻尼很大，属于一阶惯性系统。只有冷轧是轧件较薄，轧件抗力较高，轧件的吸收作用大大减弱，故冷轧轧机在重载增速后，易于出现垂直振荡。热轧一般不讨论轧机本身的振荡。

图 7-1 中封闭牌坊具有超高质量 m_0，刚度为 K_0，阻尼为 B_0。液压缸为一个质量体系 m_e，刚度与阻尼为 K_e 和 B_e，上支撑辊和上工作辊及其左右轴承座视为一个质量体系 m_1，刚度与阻尼为 K_1 和 B_1。轧件刚度与阻尼为 K_w 和 B_w。下支撑辊和下工作辊及其左右轴承座视为一个质量体系 m_2[2]。

实际上，所有支撑辊轴承座、工作辊轴承座衬板与牌坊窗口之间的间隙，轴承座圈的间隙都对窗口内垂直轧制力的传递稳定性产生影响，它们在模型中如何表达，有待进一步的斟酌。

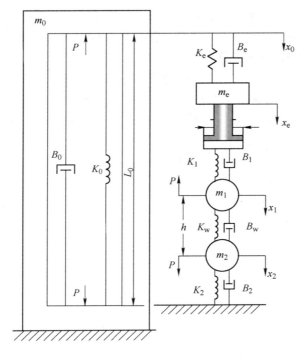

图 7-1　轧机牌坊及辊系垂直受力示意图

7.1.2　轧机各部件振荡模型

　　轧机系统各环节都作用有轧制力 P，理想组合条件下各自建立二阶动特性方程如下。

　　（1）封闭牌坊。牌坊质量大，是承载窗口轧制力的主体。牌坊底部固定在基座上，所有辊系轧件的位移变化都发生在窗口之内。故在轧制力冲击时，如果忽略上盖弯曲，可以考虑立柱被拉伸变长时，只有上半部分牌坊质量（包括横梁、半截立柱和活塞）发生振动，其带阻尼的二阶振荡方程如下：

$$m_0 \frac{\mathrm{d}^2 x_0}{\mathrm{d}t^2} + B_0 \frac{\mathrm{d}x_0}{\mathrm{d}t} + K_0 x_0 = P \tag{7-1}$$

式中　P——轧制力；

　　　m_0——半截横梁立柱与活塞部件的质量；

　　　x_0——横梁与活塞部件的位移；

　　　B_0——横梁、活塞活动部件位移的阻尼系数，以弹性变形做功消耗来计算；

　　　K_0——立柱的刚度，$K_0 = \dfrac{P}{x_0} = \dfrac{EF}{L_0}$。

立柱尺寸是设备常数，立柱断面积 F 越大，立柱刚度也就越大。在轧制力作用下，立柱会伸长或振荡，但其弹性变形功会消耗能量，使振荡最后消失。

计算结构性阻尼主要考虑轧件变形的单位时间能量功消耗，变形速度越快，按照临界阻尼条件，阻尼系数为[3]：

$$B_0 = 2c \sqrt{K_0 m_0} \tag{7-2}$$

式（7-2）表示振荡阻尼系数受刚度和质量影响。刚度大、质量大，变形材料内部介质相互摩擦消耗能量就大，振荡阻碍就大。故 $c = 1$ 为临界状态，这里 c 一般取 0.9，属于强衰减振荡。

（2）液压缸。图 6-3 是液压缸传递函数的 Simulink 模型，式（6-1）是液压缸高阶传递函数。左右液压缸 m_e 与上辊系活动部件共同移动，故考虑其惯性质量，忽略黏性摩擦力、弹性负载力及其他管道影响，也可等效成二阶系统方程，设 x_e 为液压缸压缩变形[4]：

$$m_e \frac{\mathrm{d}^2 x_e}{\mathrm{d}t^2} + B_e \frac{\mathrm{d}x_e}{\mathrm{d}t} + K_e x_e = P \tag{7-3}$$

式中　x_e——液压缸体与活塞的相对位移；

　　　B_e——液压缸活塞位移的综合阻尼系数；

　　　K_e——液压缸的刚度。

液压系统刚度 K_e 可从下面算式得出：

$$K_e = \frac{A\delta}{H + L \left(\dfrac{d}{D}\right)^2} \tag{7-4}$$

式中　δ——油的容积模数，MPa；

　　　H——液压执行机构内部油面高度，mm；

　　　L——伺服阀和执行机构之间管路长度，mm；

　　　d——管路内径，mm；

　　　D——执行机构工作内径，mm。

（3）上轧辊系。将上辊系工作辊、支撑辊、轴承座合并，轧辊弯曲变形、轴承压缩变形、轧辊压扁变形考虑为一个位移，它们的二阶方程如下：

$$m_1 \frac{\mathrm{d}^2 x_1}{\mathrm{d}t^2} + B_1 \frac{\mathrm{d}x_1}{\mathrm{d}t} + K_1 x_1 = P \tag{7-5}$$

式中　m_1——上辊系活动部件的等效总质量；

　　　x_1——上辊系活动部件的位移（包括挠曲、压扁）；

　　　B_1——上辊系、活塞等部件的综合活动阻尼，与 B_0 计算类似，其中 c 取 0.9；

　　　K_1——上辊系部件总刚度，包括上轧辊弯曲、压扁，轴承座变形。

如果轴承圈有间隙，方程自变量要用非线性有界变量来代替。

（4）下辊系：

$$m_2 \frac{\mathrm{d}^2 x_2}{\mathrm{d}t^2} + B_2 \frac{\mathrm{d}x_2}{\mathrm{d}t} + K_2 x_2 = P \tag{7-6}$$

式中　m_2——下辊系活动部件的等效总质量；

　　　x_2——下辊系活动部件的位移（包括挠曲、压扁）；

　　　B_2——下辊系等活动部件变形的阻尼，与 B_0 类似；

　　　K_2——下辊系部件总刚度，包括下轧辊弯曲、压扁，轴承座变形。

（5）轧件：

$$B_w \frac{\mathrm{d}h}{\mathrm{d}t} + K_w h = P \tag{7-7}$$

式中　B_w——轧件塑性变形的阻尼系数，与轧件屈服强度成反比，强度越低，阻尼系数越大；

　　　h——轧件出口厚度，坐标从零算起；

　　　K_w——轧件塑性刚度（全宽度）。

式（7-7）表示，轧制力与轧件最终变形厚度成正比，更有变形速率及变形阻尼乘积相叠加。对式（7-7）求解，得到下面模型：

$$P = K_w h \left(1 - \mathrm{e}^{-\frac{K_w}{B_w}t}\right) \tag{7-8}$$

式（7-8）的物理意义是，轧制力从零开始，逐渐上升，达到一定程度后稳定。阻尼越大，上升越缓慢。

事实上，轧件是一个一阶惯性吸振体，且轧件越厚，吸收振荡越多，只有出口厚度很薄，或平均轧件厚度小，如冷轧，对辊系振荡吸收少，轧机振颤现象就容易出现。

7.2　轧辊传动带来的垂直振动

传动轴的转速 n 换算出转动频率 ω：

$$\omega = \frac{2\pi}{60} n \tag{7-9}$$

如果传动接头（万向或十字）与传动接轴存在倾角，在转动一周的某一位置时，轴头上一定会出现周期性起伏的非垂直的扭转力，轧辊轴头上便有周期性垂直和水平分力，它们的分力出现的频率就是 ω，相当于轧辊轴头受到垂直方向上的外部激励，引起轧辊垂直位移和水平位移。扭转侧向力带来的垂直冲击位移 x 为[6]：

$$x = A\sin\omega t \tag{7-10}$$

式中　A——扭转引起的轧辊最大跳动幅值，与接轴侧向力、轧辊平衡力有关。

这一外部激励是轧机振动的主要来源，一旦转速增大，激振频率上升到与其他轧机部件固有频率相接近，轧机辊缝的振动幅度便大幅上升。

辊缝高度的综合变化 y 表示成：

$$y = x_0 + x_e + x_1 + x_2 + x_q + x \tag{7-11}$$

按照式（7-9），任意一项出现振荡，如果没相互抵消，则 y 都发生振荡，只是式（7-11）中五个位移 x_0、x_e、x_1、x_2、x_q 都属于带衰减振动的应激位移，它们各自有自振频率，但幅度都很小，对出口厚度没发生多少影响。主要是外激振荡 x 幅度足够大，或与其他位移产生共振（频率相近、相位相近，幅值相加），轧机呈现垂直共振，轧件留下振纹。

这时，轧件出口厚度如下：

$$h = S_0 + y \tag{7-12}$$

式中　S_0——轧机空辊缝；

　　　　y——轧机弹跳。

对于塑性变形的轧件而言，参与出口最后变形的是轧件厚度 h，轧件厚度越大，变形力越大，且吸收振荡越多。只有 h 很小，外激强烈或出现谐振时，辊缝会有较大相对波动，甚至轧件上出现上下对称正弦波纹。

由经验可知，轧机在小负荷情况下，毫无振荡可言，只有在负荷达到轧机承受能力的 80% 以上，且轧件很硬、很薄时，辊缝才可能有振荡。

7.3　轧机垂直力系仿真的模型

美国材料加工著名学者金兹伯格教授对轧机体系建模所用的简化受力图见图 7-2[7]。

轧机自然刚度与液压系统刚度、轧件塑性系数组合成轧机等效刚度。

金兹伯格直接将轧机弹跳特性用以下传递函数表示：

$$W(s) = \frac{1}{1 + 2\xi T_R s + T_R^2 s^2} \tag{7-13}$$

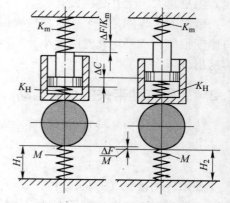

图 7-2　轧机系统刚度实物模型

式中　T_R——轧机弹跳系统响应周期，s；

　　　　ξ——轧机活动部件运动阻尼，取决于上下轴承座活动阻尼、液压缸活塞运动阻尼，一般 ξ 取 0.5～0.7。考虑到轧机体系（包括牌坊和轧件）受力后的变形，轧件变形的阻尼系数，厚件热轧时 ξ 可取 0.8～1.0。

轧机弹跳系统响应周期由响应频率计算得到：

$$T_R = \frac{1}{2\pi f_R} \tag{7-14}$$

式中 f_R——轧机响应频率,Hz。

$$f_R = \frac{1}{2\pi}\sqrt{\frac{K_E g}{W}} \qquad (7\text{-}15)$$

式中 K_E——轧机等效刚度,2000~30000kN/mm;

g——重力加速度,m/s²;

W——轧机每侧结构等效质量,kg。

轧机包括轧辊和轴承等,本身有自然刚度,但在有轧件时,也还要看做高刚度弹性体,轧机等效刚度 K_E 可表示为[8]:

$$\frac{1}{K_E} = \frac{1}{K_0} + \frac{1}{K_H} + \frac{1}{K_w} + \frac{1}{K_1} + \frac{1}{K_2} \qquad (7\text{-}16)$$

式中,K_0 为轧机牌坊自然刚度,kN/mm;K_H 为液压缸刚度,kN/mm;K_w 为轧件塑性系数,kN/mm;K_1 为上辊系刚度系数,kN/mm;K_2 为下辊系刚度系数,kN/mm。

K_w 大小与热轧冷轧关系很大,在式(7-16)中,热轧 K_w 会很小。这时,等效刚度 K_E 也小。

轧机每侧结构等效质量为:

$$W = \sum_{j=1}^{n} \alpha_j W_j \qquad (7\text{-}17)$$

式中 α_j——轧机结构 j 部件的质量校正系数;

W_j——轧机每侧 j 部件的质量(轧辊、轴承座、接轴),这里取76t;

n——轧机部件个数。

实际过程中,闭口牌坊在轧制冲击力作用下,必然发生振动,但牌坊安全系数大,断面粗,尤其采用长行程液压缸,省去压下螺丝,牌坊上盖强度因此得到大大加强。故单就牌坊而言,刚度高,振幅极小,予以忽略,认为是闭合支点窗口。

除牌坊质量大、承载能力大以外,各部件在高负荷率下都容易振动,负荷率越高,振动越大,但热轧轧件厚,振动可以被吸收掉,冷轧振动则是容易显现。牌坊机座、轧辊垂直辊系、轧辊水平辊系几个方面,各有振动频率和振动激发[9]。

将某现场热轧1810四辊轧机牌坊质量和轴承座质量数据代入,轧件刚度为30000kN/mm,轧机等效刚度 K_E 为25000kN/mm。于是可求得轧机弹跳系统响应周期 T_R 约为88ms。五架连轧的各架阻尼参考轧件厚度从第一架起可分别取为0.6、0.57、0.56、0.53、0.5。冷轧时则取0.3左右。这是影响仿真效果的关键系数。

建立轧机子模块时,输入为轧制力,输出为轧辊弹跳,轧辊弹跳与给定辊缝合成轧件出口厚度。图7-3为弹跳计算子模块,轧制力经传递函数转为轧辊弹跳，再与已有的辊缝叠加，得到出口厚度。

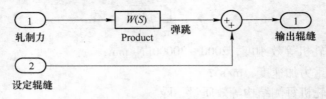

图 7-3　弹跳计算子模块

轧机窗口内的二阶模型可以反映牌坊辊系在轧制力冲击作用下的弹跳，如果深化内容，还可以考虑工作辊轴承座、支撑辊轴承座与牌坊之间都有间隙的情况，这对研究生产上常见的轴承座空隙影响来说是必不可少的，不同结构采用不同模型，如现场轧机有二辊、四辊，形式有 CVC、PC 或 HC。轧机模型需要深入研究才有可能描述实际轧机的动态过程，进而探讨轧机在高负荷下轧制的稳定性。

7.4　轧辊辊系水平动态特性模型

轧机水平受力来自连轧张力，它使前后基座产生倾翻力，也使工作辊产生水平弯曲[4]。尤其在水平张力前后发生波动时，因为轴承座总存在间隙，水平轧辊方向会发生来回错动，辊缝也发生波动，极大影响轧件厚度质量。这种来回倾动冲击力与轴承座间隙大小密切相关，需要在模型上反映间隙大小。

本仿真将间隙视为理想状态。如果是交叉轧辊调整辊型的 PC 轧机，这类问题就更为严重，其轴承座位置更容易框动，使辊缝背离控制目标，产生无规则波动。

设水平张力为 Q，其方程为[5]：

$$m_3 \frac{\mathrm{d}^2 x_3}{\mathrm{d}t^2} + B_3 \frac{\mathrm{d}x_3}{\mathrm{d}t} + K_3 x_3 = Q \qquad (7-18)$$

式中　m_3——倾斜牌坊质量和机架间轧件质量；

　　　x_3——轧件水平纵向位移距离；

　　　K_3——轧机机座抗水平拉力的纵向刚度和轧件拉伸刚度合成；

　　　B_3——轧件拉长消耗阻尼。

轧件如果发生纵向水平振荡，也就是张力发生周期波动，这会影响轧件抗力，间接影响轧制力，继而再引起一系列响应。

如果轴承座有间隙，方程自变量表达也要另写方程来代替。

张力使变形区抗力产生影响，继而对轧制力产生影响，也就是对垂直辊缝产生影响。计算如下：

张力影响系数为：

$$n_t = 1 - \frac{0.35q_f + 0.65q_b}{K} \tag{7-19}$$

式中，$q_b = \dfrac{Q}{F}$。

参 考 文 献

[1] 刘鸿文，等. 材料力学 [M]. 北京：人民教育出版社，1979.

[2] 施东成. 轧钢机械理论与结构设计（上册）[M]. 北京：冶金工业出版社，1993.

[3] 邹家祥，徐乐江. 冷连轧机系统振动控制 [M]. 北京：冶金工业出版社，1998.

[4] 李崇坚，段巍. 轧机传动交流调速机电振动控制 [M]. 北京：冶金工业出版社，2003.

[5] Timoshenko S, Youg D H, Wearver W J. Vibration problems in engineering [J]. Fourth Edition. JohnWiley & Sonslnc，1974.

[6] 林鹤. 机械振动理论及应用 [M]. 北京：冶金工业出版社，1990.

[7] [美] 金兹伯格 V B. 板带轧制工艺学 [M]. 北京：冶金工业出版社，2003.

[8] 张义民. 机械振动 [M]. 北京：清华大学出版社，2007.

[9] 张伟，王益群. 冷连轧机动态过程特性的建模与仿真 [J]. 工程设计学报，2002，9 (5)：271~274.

8 ‖ 厚度自动控制

厚度是板带产品最主要的质量指标。带状轧件出口厚度波动主要受来料尺寸、温度、接触面摩擦和张力变化的影响。单机可逆轧制中板厚度受轧辊辊缝调节控制，连轧厚度可由辊缝或张力这两个变量来调节，它们既有调节数量大小的不同，也有调节快慢的问题。

本章除讨论分析板带钢厚度波动的原因及厚度的变化规律之外，着重论述厚度自动控制的基本形式及其控制原理，以及热连轧和冷连轧的厚度自动控制系统。

8.1 板带钢厚度的变化规律

轧件出口厚度取决于过钢时的实际辊缝大小，它由空辊缝值 S_0 和过钢弹跳值组成。Sims 弹跳方程正是描述这种关系，弹跳方程描述如下：

$$h = S_0 + \Delta S = S_0 + \frac{P}{K_m} \tag{8-1}$$

带钢的实际轧出厚度 h 和预调辊缝值 S_0，轧机刚度 K_m 和轧机弹跳值 ΔS 之间的关系在轧件塑性不变时，由上述公式所绘成的曲线称为轧机理想弹性曲线，它涉及如轧制压力、原始辊缝和轧机加载时刻的刚度系数等参数。

8.1.1 用测厚仪的反馈式厚度自动控制系统

轧件厚度一直在波动，必须采用厚度自动控制，才能提高板厚精度。测厚仪反馈式厚度控制系统的实物图见图 8-1。

图 8-1 中带钢从轧机轧出之后，通过轧机后面测厚仪测出实际轧出厚度 $h_实$ 并与给定厚度值 $h_给$ 相比较，得到厚度偏差 $\delta h = h_实 - h_给$，当出现厚度偏差 δh，将其转换为位移调整量 δS 后，便送到液压阀，通过流量控制液压缸高度，使活塞作相应的调节，进而改变辊缝，轧出新的厚度。直到两者数值相等时，厚度差运算器的输出为零，即 $\delta h = 0$，液压缸保持新位置不变。注意测厚仪安装在轧机后面一段距离，故延迟一段时间（$\tau = \frac{L}{v}$）。而且，每次调辊缝会产生新的轧制力，造成弹跳改变，故监控 AGC 稳定时间要长些。

测厚仪反馈控制原理框图见图 8-2[1]。

因为测厚仪与轧机有一段距离，故产生信号滞后，在图 8-2 中用指数环节表

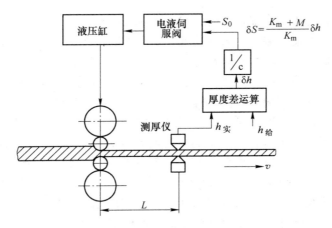

图 8-1 测厚仪反馈式 AGC 实物图

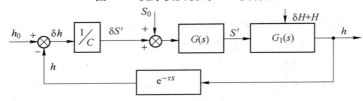

图 8-2 测厚仪反馈控制原理框图

h_0—出口厚度给定值；h—实测厚度值；δh—厚度偏差；$G(s)$—液压缸位置自动调节

传递函数（APC）；S_0— 初始空载辊缝值；S'—工作辊缝；

H—来料厚度；δH—来料厚度波动干扰；$G_1(s)$—轧机轧制环节

示延迟，但它是渐变的，与实际略有不同。

实现图 8-2 轧制压下闭环控制过程的仿真，需要建立轧机压下模块（轧机简化为二阶系统）、检测延迟模块、压下系数模块和液压缸等模块，再按照轧制顺序构成出口厚度自平衡的轧制系统，见图 8-3。

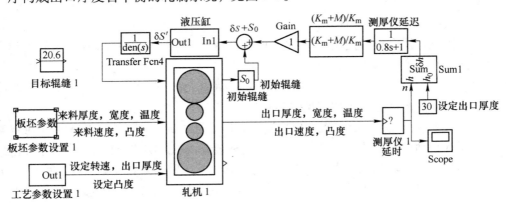

图 8-3 单机架轧制系统测厚仪厚度反馈控制仿真图

图 8-3 中，轧机工作辊辊缝前后的连线为轧件参数的矢量连线，左边入口端传输来料厚度、宽度、温度、来料速度、凸度等原料参数，出口端输出对应各个参数。工艺参数设置 1 模块输入理论来料厚度、出口厚度等。

图中原料厚度 H_0、目标厚度 h_0 用来计算理论轧制力。该系统工作时，首先用期望来料厚度和期望出口厚度计算理论轧制力，设置辊缝 S_0。在轧辊辊缝出口由输入来料厚度计算即时轧制力，与辊缝合成出口厚度后，相当于在线检测出口厚度，经过延时（等效轧出后辊道运行时间），再与设定出口厚度比较，如果不等，用厚度偏差计算辊缝调整量，与原来辊缝叠加后，经过液压缸再交给轧机。当辊缝有压下，轧制力会增大，辊缝需要进一步变小，才能得到要求的出口厚度，这种平衡会反复进行，直到最后达到辊缝和轧制力的新平衡。相当于图 8-3 中，控制辊缝为原始辊缝加辊缝调整量。由此保证原料厚度变化时，出口厚度也不变。

因为厚度测量总是滞后一段时间，故用负指数函数作延迟处理。出口厚度与给定厚度值 $h_{给}$ 相比较，得到厚度偏差 $\delta h = h_{实} - h_{给}$，当厚度偏差 δh 转换为位移调整量 δS 后，与原始辊缝叠加，成为辊缝调整修正信号，输出给电液阀，使液压缸活塞在原始辊缝 S_0 的基础上作小范围调节，改变辊缝，轧出符合要求的厚度。直到两者数值相等时，厚度差运算器的输出为零，即 $\delta h = 0$，这时液压缸保持调整后的位置。延迟环节的存在造成厚度输出的振荡。

使用该系统调试时可以任意设置监控窗（Scope），仿真完毕从窗口查询连续曲线、任意时刻数据。

8.1.2 厚度计式厚度自动控制系统（压力增量 AGC）

在轧制过程中，任何时刻的轧制压力 P 和空载辊缝 S_0 都可以检测到，它们与实测值的偏差可以更直接用来调整厚度。因此，厚度计式控制系统有多种改进算法，简单介绍如下。

8.1.2.1 BISRA-AGC

英国钢铁协会很早提出一种叫做 BISRA 增量算法。BISRA-AGC 基于轧机线性弹跳方程的增量形式[2]：

$$\delta h = \delta S + \delta p / K_m \tag{8-2}$$

压力增量厚度控制实物图见图 8-4。

图 8-4 中辊缝值由磁尺辊缝仪检测，磁尺信号送到加法运算器和 APC 电液阀位置闭环自动控制系统。轧制前，按 S_0 调整辊缝，磁尺实测辊缝 S，完成液压缸位置闭环控制。轧制压力由压头 LC 检测。显然，这里不再有检测位置延时 τ。

图 8-4 中，给定压力 P_0 与实测压力 P 相减得到压力差值 δP，若将此 δP 与轧机刚度相除，得到弹跳增量。给定辊缝 S_0 与实测辊缝 S 相减可以得到设定辊

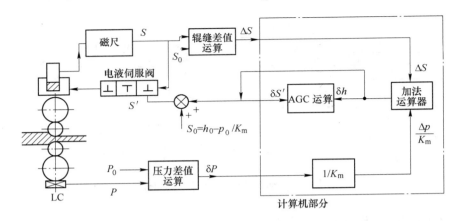

图 8-4 压力增量式的厚度自动控制闭环系统

缝偏差 δS，两者相加得到厚度增量偏差 δh，并由此 δh 得到辊缝调整量 $\delta S'$。由式（8-2）可见，只要实现辊缝的负增量 $\delta S = -\delta P/K_m$，就保证了出口板厚增量 $\delta h = 0$。所以，B-AGC 将 $-\delta P/K_m$ 作为位置控制系统的补偿值，就可使厚度偏差 δh 趋于零，其模块仿真系统结构如图 8-5 所示。

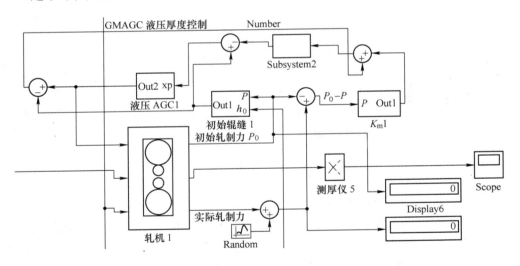

图 8-5 BISRA AGC 和 GM–AGC 模块仿真系统方块图

8.1.2.2 Dynamic set AGC

北京钢研总院轧钢学者张进之依据理论推导，开发了动态设定型 AGC（Dynamic set AGC），其基本控制思想是：在辊缝调整量中增加因轧制力调整而带来的辊缝增量，这样调节更快达到平衡。Dynamic set AGC 系统原理如图 8-6 所示[3]。

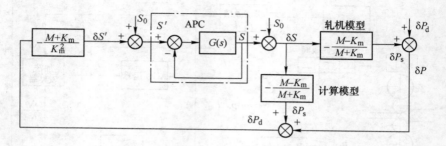

图 8-6　动态设定型 AGC 系统原理

按照图 8-6，模块化图见 8-7。

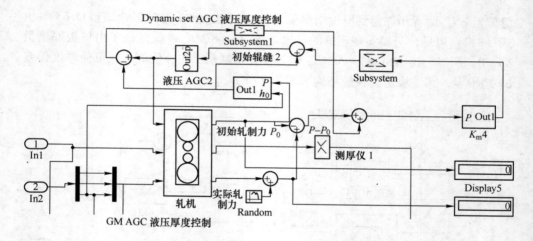

图 8-7　动态设定型 AGC 模块原理图

8.1.2.3　Absolute AGC

图 8-4 在形成出口厚度后，是与固定的目标厚度相比较，因而称为绝对值厚度自动控制系统（Absolute AGC），这种方法都有一个缺点，如果来料厚差较大，以目标厚度为基准，进行辊缝调节时，带钢头部会形成一段楔形过渡段，这使一卷带钢厚度不均，影响用户使用。如果取本卷带钢头部几米处的厚度作为比较目标厚度，绝对值 AGC 就变成相对 AGC，这种控制方式保证带卷整卷一致，但不一定是目标厚度。故实际生产是先用相对 AGC，每轧完一卷，作一次辊缝修正。轧出几卷以后，实际厚度接近目标厚度，再转绝对值 AGC。

绝对值的压力增量 AGC 系统如图 8-8 所示。

图形模块绝对值 AGC 方框图见图 8-9。图中 h_0 为出口厚度的参照值。

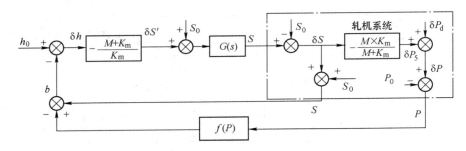

图 8-8　绝对值 AGC 系统原理图

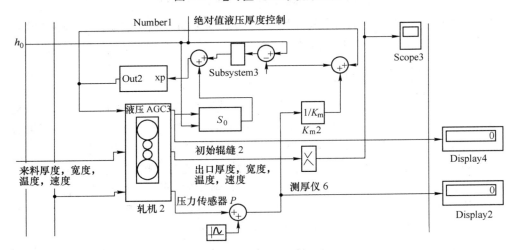

图 8-9　绝对值 AGC 模块图

8.2　厚度计式前馈厚度自动控制系统（FF-AGC）仿真

　　前馈测厚仪厚度控制是依据来料厚度，进行辊缝修正。单纯测厚仪前馈实际使用很少，因为成本高，只检测来料厚度，来料温度抗力都不检测，故效果差。实际使用较多的是压力前馈，用前道压力合成的轧件厚度作为后架入口参数。因为压力大小反映多种因素，因而预报的厚度反而信息全面。故生产中用"厚度计"方法预报出口厚度，它是用不设置任何反馈控制的前一机架实测压力作为"厚度计"，预报下一架入口厚度，这样不仅顾及来料尺寸波动，还对坯料硬度高低有反应，显著提高出口厚度的控制精度，称为 PFF-AGC。其原理模块图见图 8-10。

　　前面连轧机模块图（图 4-7）中，第一架撤去 B-AGC，其轧制力和辊缝值构成第一架出口厚度，提供给第二架。这种前馈厚度计对来料抗力、宽度、厚度变动都有所反映，因而，现代连轧机广泛使用压力计前馈控制。

　　在压力厚度前馈厚度控制当中，如果反算出一个硬度系数，对下游所有轧

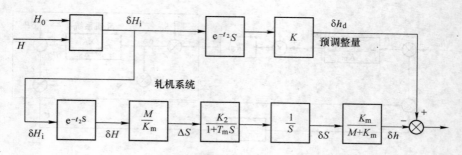

图 8-10 前馈式的厚度自动控制动态结构图

机都加以修正，抗力变化和来料厚度变化的影响更加敏感，这时修正效果更好，这种方式称为 KFF-AGC 硬度前馈。

8.3 AGC 厚度控制补偿

热连轧精轧机组由于机组各个机架通过带钢（张力）连接在一起，同一机架由轧辊与轧件形成的变形区将交叉影响变形区参数，使得厚度控制系统和活套、板型、温度等系统之间形成了复杂的相互耦合和相互干扰的关系，称这种由于控制功能的相互耦合而形成的交互扰动为控制系统的内扰。

就自动厚度控制本身来说，厚度调整不是独立的，厚度改变，轧制力必然改变，轧辊挠曲也改变，故这种耦合影响成为上述系统的内扰，此外还存在着如前所述的众多来自于轧件和轧机的扰动因素，称为外扰。

为了提高各被控量的控制水平，除了改进以反馈为主的各控制功能的自身性能外，热连轧计算机控制系统还针对上述普遍存在的内部扰动和外部扰动，广泛使用了各种各样的补偿方法。补偿实质上是对扰动的前馈控制。如果扰动是来自于多变量系统内各变量之间的互扰，则补偿运用多变量系统解耦控制的思想，可将其看成是一种解决多变量耦合问题的工程方法。如果扰动来自于系统外部，则补偿实际上是基于对扰动的不变性原理，可视为一种针对可测扰动的前馈控制方法。

与 AGC 系统有关的主要补偿功能包括[4]：

（1）活套补偿。当 ACC 系统移动压下而改变辊缝进行调厚时，必将使压下率变化，从而影响前滑和后滑，改变带钢出口和入口速度。这种现象将干扰活套的工作，而活套的动态调节又将反过来影响调厚效果。为此，现代 ACC 系统设有活套补偿功能，即当调整压下时，事先给主速度一个补偿信号，以减轻 AGC 对活套系统的扰动。

（2）板型轧制力前馈补偿。当 ACC 系统移动压下时，还将使轧制力发生变动。这将改变轧辊辊系变形并影响带钢出口断面形状，最终影响带钢成品的平坦度。因此，在 ACC 系统中设有轧制力限制，同时在板型自动控制系统（AFC）

中，设有 FF-AFC，以补偿 ACC 系统调厚所造成的轧制力变化对板型的影响。

（3）压下及弯辊补偿。当精轧终轧温度控制系统通过改变机架间喷水及精轧机组加速度而进行温度控制时，必将使各机架轧制温度改变，从而使轧制力发生变动，其结果是使带钢厚度以及带钢板型都受到扰动，为此要有相应的压下及弯辊补偿。

（4）油膜厚度补偿。速度改变将影响轴承油膜厚度，为此需要设立油膜厚度补偿。

（5）偏心补偿。支撑辊偏心将使轧制力发生周期性波动，并使轧机出口厚度产生波动。为了消除由轧机原因造成的厚差，其控制规律将与在消除轧件原因造成的厚差时所用控制规律截然相反，因此要有独立的偏心补偿功能。

长期以来，由于热轧厚度控制精度整体上不是很高，因此，对于只是次要因素的轧辊偏心问题，其解决方案通常只是采用数字滤波方法将偏心造成的轧制力波动成分滤去，然后再将此滤波过的调整信号用于厚度反馈控制。这是一种消极的偏心控制方法，因它只能减小压力 AGC 系统（GM-AGC 是压力 ACC 的一种）对偏心信号形成正反馈后所导致的对偏心扰动的"放大"作用，而不可能减小偏心的影响。

随着冷热轧带钢厚度精度要求的提高，薄带轧制偏心控制（即减小或消除偏心扰动的影响）已成为研究的热门课题之一。采用比较简单的轧制力内环、厚度外环的厚度控制结构，可以有效地抑制偏心的扰动，而具有先进的偏心控制算法的专用偏心控制器也已走向实用。可以说，偏心控制技术的突破，必将使热轧厚度控制的水平达到一个新的高度。

（6）尾部补偿。带钢尾段一般温度较低，加上当带钢尾部离开某一机架（如第 j 机架）时，由于机架间张力的迅速消失，将使下一机架（第 $i+1$ 各机架）的轧制力突然增大，因而使轧制厚度瞬间变大，这种现象称为尾部厚跃。为了消除这一厚差，在现代 ACC 系统中，采用了尾部补偿功能，即当带钢从某一机架轧出时，迅速减小下一机架的辊缝，进行"压尾"。

（7）宽度补偿。通常，轧机刚度是在全辊身压靠方式下用实验方法测取的。实际轧制过程中，由于轧件宽度小于辊身长度，且轧件宽度本身亦相差很大，致使辊系受力状况产生不同的变化，引起轧机刚度摄动。因此，为提高设定精度和板厚测量精度，须根据轧件宽度对轧机刚度系数进行修正，即所谓宽度补偿。

所有这些与 ACC 有关的补偿功能，每一项的机理和具体实现都具有一定的复杂过程，甚至很高的难度（如偏心补偿）。在生产实际中，基于同样的基本原理的 AGC 系统，厚控性能和各功能之间的互扰往往存在显著差异，其原因很大程度上就在于各种补偿措施的性能水平和准确性的不同，对此要给予充分的重视。连轧仿真时对各种厚度控制采取补偿，消除它们的关联影响。

参 考 文 献

[1] 唐谋凤. 现代带钢冷轧机的自动化 [M]. 北京：冶金工业出版社，1995.
[2] 刘玠，孙一康. 带钢热连轧计算机控制 [M]. 北京：冶金工业出版社，1997.
[3] 孙一康. 带钢热连轧的模型与控制 [M]. 北京：冶金工业出版社，2002.
[4] 赵刚，杨永立. 轧制过程的计算机控制系统 [M]. 北京：冶金工业出版社，2002.

⑨ ‖ 带钢板型自动控制理论

　　板带粗轧无张力，平辊轧制极易跑偏，必须用具有自位作用的凹辊型轧制，由此带来的结果是中间坯总是带有一定凸度。于是，精轧连续轧制带钢只有按比例凸度轧制，才能保证沿宽度上各点的压下率相等，从而使轧件横向各点的延伸率相等，最终获得良好的板型。板带连轧每道次都应按计算好的凸度顺序变化，保证产品的凸度符合要求。

　　因为轧辊受力总要挠曲，所以轧制力与弯辊力配合才使各道孔型凸度符合变化规则。一旦轧制力变动，自然带来辊型的变化。轧制时来料经常有抗力和凸度的变化，打乱原有比例凸度的规划，所以仿真时既有理想来料的设定凸度，也有实时来料的即时凸度计算。

9.1　比例凸度

　　根据均匀延伸定律，可以得到在带凸度来料板型良好的情况下，保证带钢轧后平直的条件为（见图9-1）[1]：

$$\frac{\Delta}{H} = \frac{\delta}{h} \quad 或 \quad \frac{\Delta}{\delta} = \frac{H}{h} = \lambda \tag{9-1}$$

式中　H，h——带钢来料和轧后的平均厚度，即 $H = \dfrac{H_c + H_e}{2}$，$h = \dfrac{h_c + h_e}{2}$；

　　　　Δ，δ——带钢来料和轧后的凸度，即 $\Delta = H_c - H_e$，$\delta = h_c - h_e$；

　　　　λ——该道次的延伸系数，此式就是保证板型良好的比例凸度公式。

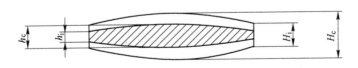

图9-1　带钢轧制前后断面形状

　　上式表明，对来料板型良好而其横断面具有一定凸度的带钢，为了保持其轧后平直，则应使轧出带钢的横断面亦具有一定的凸度 δ。

　　压下规程设定之后，由成品规定凸度向上游按比例凸度计算各架要求凸度。表9-1为某热带厂220mm坯轧制2.0mm热带产品凸度分配。

表 9-1 热带凸度分配

项 目	R_1	R_2	R_3	R_4	R_5	R_6	R_7	R_8	F_1	F_2	F_3	F_4	F_5	F_6	F_7
出口厚度/mm	190	150	115	85	65	45	30	20	13	9.8	5.9	4	2.9	2.3	2.0
出口凸度/μm	475	375	288	212	162	112	75	50	32.5	24.5	14.8	10	7.2	5.8	5

由表 9-1 可见，进精轧前的中间坯凸度为 50μm。精轧各道只有按一定辊型凸度设置原始凸度或抽辊凸度，才能创造轧制无残余应力的平直钢带的条件。

9.2 过钢辊型计算模型

轧制过钢辊型由多种因素构成，凸度控制设定是指各道次比例凸度确定后，对轧机压下、弯辊及窜辊（CVC）抽动量或上下辊交叉角（PC）的设定，使带钢各道轧出获得要求的断面形状和平直度。每架轧机带钢出口凸度 CR 为：

$$CR = \frac{P}{K_P} - \frac{F}{K_F} - \omega_C C_w - \omega_0 (C_H + C_m + C_0) + CR_0 \tag{9-2}$$

式中　P——轧制力；

K_P——轧制力对辊系弯曲变形影响的横向刚度，$40 \sim 80 \text{kN}/\mu\text{m}$；

F——弯辊力，最大 2000kN，初始设 1000kN；

K_F——弯辊力对辊系弯曲变形影响的横向刚度，$8\text{kN}/\mu\text{m}$；

C_H——轧辊热辊型（$100 \sim 200\mu\text{m}$）；

C_m——轧辊磨损辊型，（$0 \sim 100\mu\text{m}$）；

C_0——轧辊原始辊型（待定加工操作数，$\pm 100\mu\text{m}$）；

C_w——CVC（PC）可调辊型凸度，（$\pm 400\mu\text{m}$）；

ω_C，ω_0——相应效能系数；

CR_0——来料入口凸度，mm。

CR 是压下规程设定后，由比例凸度确定的各道次轧件目标凸度，而且轧制力确定后，轧辊挠度（轧辊弯曲变形 $C_P = \frac{P}{K_P}$）也已经确定。因此，原始辊型按照弯辊力居中、抽辊量居中来确定。式（9-2）中各项计算如下。

9.2.1 轧辊的挠曲凸度计算

轧辊弯曲主要由支撑辊承担，一般认为支撑辊弯曲就代表工作辊挠曲。依照材料力学能量法计算带辊径的圆柱体支撑辊挠曲公式如下：

$$C_P = \frac{P}{K_P} \tag{9-3}$$

式中　K_P——轧辊横向刚度，$\text{t}/\mu\text{m}$，某 1700mm 四辊轧机取 $66\text{kN}/\mu\text{m}$；

C_P——辊身中部与边部的挠度差，四辊轧机约为 $0.3 \sim 1.1\text{mm}$。

轧辊横向刚度计算公式[2]：

$$K_P = \frac{1}{6\pi ED^4}\left[32L^2(2L+3l)-2B^2\left(4L-\frac{B}{2}\right)+15kD\left(2l-\frac{B}{2}\right)\right] \tag{9-4}$$

式中　D——二辊轧辊直径，四辊轧机按支撑辊计算，mm；

　　　L——辊身长，mm；

　　　l——辊径长，mm；

　　　B——板带宽，mm。

9.2.2　轧辊的弯辊挠曲计算

带弯辊的四辊轧机弯辊力作用在工作辊辊径中部，支点在工作辊辊身边缘，考虑弯曲力矩作用在轧辊边缘，按照材料力学简支梁双侧受弯矩变形挠曲公式如下[3]：

$$C_F = \frac{ML^2}{8EJ} \tag{9-5}$$

式中　M——弯辊力矩，取辊径宽 $b=500\text{mm}$，最大弯辊力 $P=2000\text{kN}$，则

　　　$M = P \times \dfrac{b}{2} = 200 \times 0.25 = 5 \times 10^5 \text{N} \cdot \text{m}$；

　　　J——工作辊抗截面弯矩，取 $D=0.7\text{m}$，则 $J = \dfrac{\pi D^4}{64} = 0.01178\text{m}^4$；

　　　E——轧辊弹性模量，取 $E=210\text{GPa}$。

以 $L=2.2\text{m}$，得 $C_F=122\mu\text{m}$。上下辊共同作用，相当于凸度 244μm。

9.2.3　轧辊的热凸度计算

轧辊热凸度与长时间轧制的轧件宽度有关，故轧辊的热凸度 C_H 可近似地按下式计算[3]：

$$C_H = K_t\alpha\Delta t D_w\left(2-\frac{2B}{L}\right) \tag{9-6}$$

式中　Δt——辊身中部与边部的温度差，一般为 $70-20=50℃$；

　　　α——轧辊材料的线膨胀系数，钢轧辊，取 $\alpha=11.9\times10^{-6}℃^{-1}$；铸铁轧辊，取 $\alpha=12.8\times10^{-5}$，$℃^{-1}$；

　　　K_t——约束系数，当轧辊横断面上的温度分布均匀时，$K_t=1$；当温度分布不均且表面温度等于芯部温度时，$K_t=0.9$。

9.2.4　轧辊磨损凸度计算

$$C_m = W(c) - W(e) \tag{9-7}$$

式中　$W(c)$——工作辊中心磨损量，$W(c)=aA^\alpha B^\beta C$，a 为中心磨损系数，α、β

为统计系数，A 为负荷值，B 为接触弧长，C 为轧制长度；

$W(e)$ ——工作辊板边磨损量，$W(e) = bA^{\alpha}B^{\beta}C$，$b$ 为与温度有关的板边磨损系数。

这样选取基本抵消轧制力造成的工作辊弯曲挠度，抽辊（PC 转角）设置最小，剩余的计算误差和轧制力偏移带来的凸度偏差由弯辊力在线调整。

轧制薄板、带钢时，工作辊的原始凸度为：

1~4 机架的 C_0 为 0.07mm；当带钢宽度大于 1m 时，第 5 机架的 C_0 为 0.05mm；而当带钢宽度不小于 1m 时，第 5 机架的 C_0 为 0.07mm。

轧制极薄板、带钢时，工作辊的凸度为：

当所轧带钢宽度小于 900mm 时，第 1~5 机架的 C_0 为 0.10mm；

当所轧带钢宽度为 900~1100mm 时，第 1~3 机架为 0.07mm，而第 4~5 机架的 C_0 为 0.10mm。

9.2.5　轧制压力使轧辊不均匀压扁变形

根据弗浦尔（Foppl）的研究，四辊轧辊压扁计算由如下方程确定：

$$f_{w}' = \frac{2P(1 - \nu^2)}{\pi E_{w}}\left(\frac{2}{3} + \ln\frac{2D_{B}}{b} + \ln\frac{2D_{w}}{b} \right) \tag{9-8}$$

式中　P——轧制力；

$\quad E_{w}$——支撑辊弹性模量；

D_{B}，D_{w}——支撑辊和工作辊的辊径，mm；

$\quad \nu$——轧辊材质的泊松比；

$\quad b$——工作辊和支撑辊的压扁接触宽度：

$$b = \sqrt{\frac{16P(1 - \nu^2)}{\pi E_{w}} \times \frac{D_{B}D_{w}}{D_{B} + D_{w}}} \tag{9-9}$$

9.2.6　轧辊的原始凸度计算

在实际轧制过程中，轧辊的受力变形、热膨胀与磨损这三个因素是综合起来对辊缝起作用的。它们虽是影响带钢横向厚差和平直度的主要因素，但如果对其进行恰当的控制，又可使这三大因素成为改善板、带平直度和提高横向厚度精度的有效手段。

原始辊型是指轧辊车间通过车削或磨削加工使辊身所具有的外形，它是轧制前必须先确定的加工参数。

通常考虑稳定热凸度下，轧辊挠曲、弯辊挠曲、窜辊辊型等共同作用下的过钢凸度符合比例凸度来确定。工作辊原始辊型凸度不能过大，也不能过小。轧辊原始凸度选得太大，不仅会造成中浪，而且还会引起轧件的横窜以及易发生断带事故；反之，如果轧辊原始凸度选得太小，不但造成边浪，还有可能限制轧机能力的充分发挥。新换轧辊温度低，热膨胀不足，容易边部压下多。故按比例凸度计算后，轧辊加工时增加 $3 \sim 5 \mu m$ 正凸度。

因为板型凸度变化很小，工作辊原始辊型凸度 C_0 值可按下式确定：

$$C_0 = C_p + f_w' - (C_H + C_m + C_F) \tag{9-10}$$

式中　C_0——工作辊原始辊型凸度（加工凸度），常用 $\pm 100 \mu m$；

　　　C_p——工作辊弯曲挠度；

　　　f_w'——轧辊间弹性压扁值。

9.3 CVC 轧机的辊型调节

对于带钢轧机来说，CVC、PC、HC 等装置主要用于预设定（空载时调节）来保证带钢的最终出口凸度。

CVC 辊沿其辊身方向的直径差是由基本凸度（由给定的轧制条件所决定）、调节范围和移动距离来确定的。某厂带钢冷连轧机 CVC 轧辊的参数为：辊身长度为 2230mm；名义直径 D_0 为 615mm；最小直径 D_{min} 为 614.625mm；最大直径 D_{max} 为 615.28mm；直径差为 0.603mm；轧辊凸度最小值 C_{wmin} 为 0（此时 CVC 辊轴向移动距离 L_0 为 $-100mm$）；轧辊凸度最大值 C_w 为 0.5mm（此时 CVC 辊轴向移动距离 L_0 为 $+100mm$）；CVC 辊轴向移动距离为 $\pm 100mm$；CVC 辊处于中间位置时的轧辊凸度 C_{w0} 为 0.25mm。

图 9-2 中凸度曲线可以用下面的公式近似计算凸度：

$$C_w = 0.0025x + C_{w0} \tag{9-11}$$

式中　x——轧辊窜动量，mm。

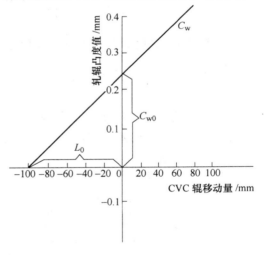

图 9-2　轧辊凸度和 CVC 轧辊位置关系

9.3.1　弯辊装置对辊型的调节

图 9-3 是加载弯辊力在不同辊身长度下引起的凸度变化。弯辊力越大，轧辊凸度变化越大。

9.3.2　入口板凸度对辊缝的影响

挠度合成的结果，是定出新辊的凸度（或凹度）曲线。在实际生产中，原始辊型的选定并不完全依靠计算，而是依靠经验估计与对比。在大多数情况下，

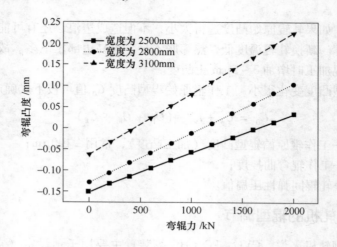

图 9-3　弯辊力对板凸度的影响

一套行之有效的辊型制度都是经过一段时期的生产试轧、反复比较其实际效果之后才确定下来的。检验原始辊型合理与否，应从产品质量、设备利用情况、操作的稳定性以及是否有利于辊型控制与调整等方面来衡量。

9.4　板型凸度计算的 Simulink 模块

按照式（9-2），建立的凸度计算的 Simulink 模块见图 9-4[4]。图中，轧件参数输入方块包括来料凸度，工艺参数输入方块包含期望出口凸度，每架轧件出口凸度运算是按照板凸度合成公式，在轧制力、热凸度、磨损凸度、原始凸度、抽辊凸度、出口凸度确定的前提下，直接设定弯辊力，保证轧件出口凸度符合比例凸度确定的要求。

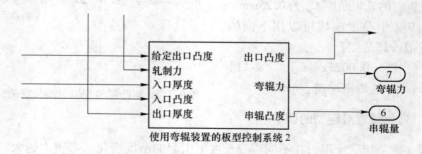

图 9-4　带钢板型凸度仿真框图

图 9-5 中，设计有两个计算模块，分别完成弯辊力和串辊凸度计算，弯辊力是即时调节，但串辊凸度需要离线人为按照刚刚计算的弯辊力凸度重新调整，这与实际轧制的凸度控制调整方法一致，两个模块见图 9-5。

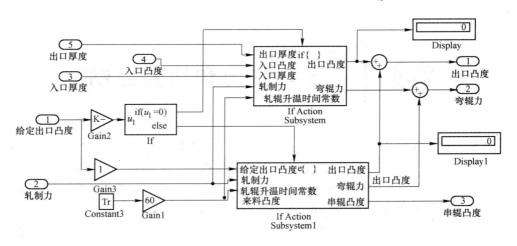

图 9-5 带钢板型凸度仿真框图

参 考 文 献

［1］连家创，刘宏民．板厚板形控制［M］．北京：兵器工业出版社，1996.

［2］陈连生，王淑华，赵晶．宽带钢热连轧精轧机组板形控制仿真研究［J］．邯郸：河北省冶金学会 2006 年轧钢学术研讨会论文集，2006.9

［3］［美］金兹伯格 V B．高精度板带材轧制理论与实践［M］．姜明东，王国栋，译．北京：冶金工业出版社，2002.

［4］Zheng Shenbai, et al. Proportional crown rolling for single rough stand in emi- continuous Hot Rolling Strip［J］. AMR，2012，602～604：2050～2053.

10 连轧张力和活套控制

轧制张力来自连轧时后架轧件入口速度高于前架轧件出口速度所形成的速度差，速度差越大，初始张力也会越大，且张力反作用于轧件上，不仅能使前后滑发生变动，变形区应力状态发生改变，电机负荷变动，还能使轧件速度向一致靠近，张力也有所下降，最后实现带张力稳定连轧。

在多架连轧机中，各架轧件通过张力成为一个整体，某一机架的参数变动通过轧件张力的传递，会影响到其他各个机架张力和速度，达到新的张力平衡，这称为张力的"自调整作用"。

板带轧制时张力影响轧件厚度和宽度尺寸，一旦张力波动，产品尺寸也随之波动。因此，张力的问题是连轧中的核心问题之一，而速度差是影响张力的根本，连轧时任何影响轧件速度的因素，都对张力大小发生作用。

张力在 2MPa 以下时，自调整作用不很显著，故宽带热轧为减少头尾厚差波动，张力仅仅为 2～4MPa。生产常用 10MPa，以减少轧件的跑偏，应付轴承座间隙过大等问题，冷轧则达到 100MPa[1]。

这里从张力引起轧件弹性变形和张力的运动力学分析开始，讨论张力的计算，最后再研究张力控制的基本方法及其原理，以及轧制过程中张力的自动控制。

10.1 轧制过程中张力的作用及其计算

连轧过程机架间带钢存在张力，张力变化会引起轧制力、辊缝、宽展等一系列变动，而且使连轧的各架轧机相互影响。加上活套支撑器顶起的动力学平衡，更加使连轧动平衡描述变得较为复杂，最终使连轧过程的厚度和板型在不同设备水平、控制方式、计算通信速度下，具有不同的控制效果。而过渡过程的不同以及轧机辊系、传动轴和拖动电机在轧制负荷过大时，也使轧机平衡后的稳定状态有所改变，对轧制过程的稳定性会带来不同的影响，成为模型描述的困难之一。

10.1.1 前后张力和作用

在连轧过程中，张力主要有五方面的作用：

（1）防止轧件跑偏；

（2）使所轧带钢板型平直；

（3）降低金属的变形抗力；

（4）重新调节主电动机的负荷分配；

（5）能适当地调节带钢的厚度。

10.1.2 张力计算的理论模型

由于速度差的存在，轧件产生了张力，张力反过来会影响轧件速度，快的变慢，慢的变快，最终达到张力作用下的出入口速度平衡。

10.1.2.1 由轧件弹性变形计算张力

根据弹性体的胡克定律可知，金属弹性变形时，拉力 T 与弹性伸长 Δl 是成正比的关系，即：

$$\Delta l = \frac{Tl}{EF} \tag{10-1}$$

式中，E 为材料的弹性模量，钢的弹性模量 $E = 206\text{GPa}$。

此式表示，任何时刻伸长与拉力相对应。图 10-1 为带张力连轧分析示意图。

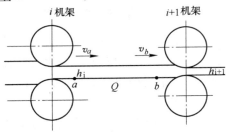

图 10-1　带张力连轧分析示意图

从轧机间轧件上取出任意两点 a 和 b 来分析，两点之间的距离用 l_0 表示，a 点和 b 点的轧件自由运动速度分别为 v_a 和 v_b，并且 $v_b > v_a$，在 t 时刻轧件走过的长度为 Δl[2]：

$$\Delta l = (v_b - v_a)t \tag{10-2}$$

式（10-2）表明，前后速度不等的物体拉长距离与速差成正比，与保持这一速差的时间亦成正比。当认为速度差造成的长度就是轧件的伸长量，于是任意时刻弹性拉力 T 可用下式表示：

$$T = \frac{EF\Delta l}{l_0} = \frac{EF}{l_0}(v_b - v_a)t \tag{10-3}$$

式（10-3）直接表示运动轧件的张力与速度差和作用时间成正比。速差大，则轧件伸长量大，张力就大，即轧辊对轧件的作用力也越大。速差为 0，拉力也就为 0，这符合日常生活常识。轧制时，一旦产生张力，在张力作用下，原始速度同时发生改变，有滑动和电机转速改变，这样速度差被变小，故轧制咬入张力是先上升后下降的凸峰形。

10.1.2.2 张力平衡的运动力学方程

考虑到后张力作用是直接加在轧件上，因而在轧辊接触面上立即对滑动产生影响，且在张力不很大时，认为张力影响对前后滑呈线性关系。另外，还考虑张力力矩对电机速度影响的滞后，前后架轧件的即时速度在张力作用下可用下式表示[3]：

$$v_{1h} = v_1(1 + f_h + a\frac{T}{F}) + z_1 TR_1(1 - e^{-t/\tau_1}) \tag{10-4}$$

$$v_{2H} = v_2(1 - f_H - b\frac{T}{F}) - z_2 TR_2(1 - e^{-t/\tau_2}) \tag{10-5}$$

式中 v_1, v_2 —— 轧制时前、后轧辊设定的线速度，m/s；

a, b —— 张力对前、后滑影响系数，mm^2/N；

f_h, f_H —— 自由轧制时前、后滑系数；

z_1, z_2 —— 前后电机刚度系数，(m/s)/(kN·m)；

τ_1, τ_2 —— 前后轧机电机传动系统滞后常数，认为皆为 τ。

将式（10-4）、式（10-5）代入式（10-3）得到：

$$T = \frac{v_2(1 - f_H) - v_1(1 + f_h)}{\dfrac{L}{EFt} + (R_1z_1 + R_2z_2)(1 - e^{-t/\tau}) + 1000(aV_1 + bV_2)/F} \tag{10-6}$$

式中的电机传动系统刚度值 z 可以从现场运行的速度力矩图分析得到。前滑系数 a 与前架有张力时速度变化大小有关，后滑系数 b 由后架脱尾前后的速度变化确定，它们可由单独的滑动试验确定。这三个常系数确定后，稳定时张力和速度也就能求出来。

由式（10-6）可见，张力大小首先与分子表示的初始速度差成正比，速差大，张力大，速差为 0，自然张力为 0。分母表示张力引起前后滑动的影响和张力力矩对转速的影响，前后滑变化大以及电机刚性小易改变速度，都使稳定后的张力较小。

利用 MATLAB 数学仿真可以对式（10-6）加以证明，仿真曲线见图10-2，

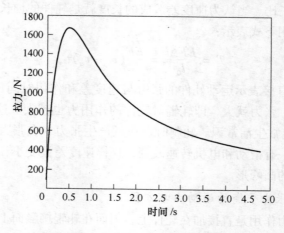

图 10-2 连轧张力数学仿真曲线

形状基本与试验的凸峰状结果一致[4]。该公式要比原来差分法解张力微分公式简化很多，计算一步到位，大大节省计算时间。

仿真计算时，为方便得到张力，取 t 为较大时的张力计算公式（式（10-6）中忽略 t），即张力高峰下落后的稳定值。

10. 1. 2. 3　通过速度变化改变张力的过程

张力连轧过程中，任何对轧件速度差的影响都直接改变张力大小。故改变工作辊转速、改变辊缝，甚至来料瞬间的尺寸变化或抗力变化都对张力有影响。

10. 2　活套支撑器

活套支撑器的动作分为启动、追踪、碰击、发力等过程，如果轴承座与牌坊存在较大间隙，轴承座在牌坊内的位置就会因前后张力变化，而表现出不同状态。因而多年来虽然轧机设备仿真有一些进步，但活套支撑器系统连续仿真还需要解决许多关键问题，交互界面也需要更好选择。

10. 2. 1　活套支撑器动特性模型

活套支撑器用来完成张力检测和张力调节。在咬入阶段，活套支撑器要向上抬起，与逐渐上升的活套贴合，进入摆角测量。活套支撑器由摆动杆、活套辊及恒转矩电机构成。它是能将机架间轧件托起并绷紧的机械装置，如图 10-3 所示。

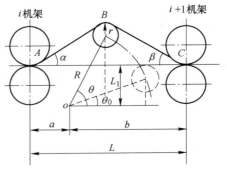

图 10-3　活套支撑器

活套支撑器发生摆动，产生偏差信号送去调整前后架转速，活套支持器的作用总结起来就是：支套、恒张、纠偏缓冲及产生纠偏。

10. 2. 1. 1　活套支撑器的种类

A　电动活套

电动活套经历两个大阶段：20 世纪 60 年代以前的三十多年用电动恒力矩活套，以单纯支套为目的，开环运行，张力大活套压得低，张力小活套挑起高，无调节张力的作用。20 世纪 60 年代开始研制成恒张力电动活套，其原理是带钢在支架摆角的不同位置，对活套辊有不同的压力，为保持恒张力，活套电机的力矩按 $M = F(\theta)$ 函数关系变化，从而保证张力基本不变。电动活套设备简单，但惯性大，调节响应慢，起套贴合冲力大，柔和性差，易出现厚度和宽度变化波动。

B　气动或液压驱动活套

活套支撑器的支架用气动或液动平衡缸来支撑。其惯性小，调节速度快，贴近较柔和。其控制方式也有恒力矩和恒张力两种，但这两种活套设备配套复杂，维护难度大得多。

10.2.1.2 活套电机输出力矩平衡

A 电机输出力矩

电机输出力矩与电枢电压成比例，故有下式：

$$M_{ref} = C_m \frac{u(t)}{R_s} \tag{10-7}$$

电机输出力矩是控制活套和活套支撑器所需的力矩。

B 活套支撑器负荷力矩

活套支撑器负荷力矩一般包括五部分：一部分是带钢张力作用在活动辊上的张力力矩，一部分是支撑器自重本身的力矩，一部分是带钢自重产生的力矩，还有挑带力矩（它使带钢弯曲，厚坯尤为不可忽略），另外还有动力矩。

张力力矩 M_T 由下式得到：

$$M_T = \frac{R}{i} T (\sin\alpha + \sin\beta) \cos\theta \tag{10-8}$$

式中　i——电机速比（无减速机时 $i = 1$）；

　　　T——张力；

　　　θ——活套支撑器支架工作偏转角。

式（10-8）说明，使用恒转矩电机后，不同张力对应不同支撑器角度，检测这一角度，便可间接得到带钢内部张力。

支架自重的工作力矩 M_W 计算如下：

$$M_W = \frac{R'}{i} W_L \cos\theta \tag{10-9}$$

式中　R'——支撑器活动架的重心半径，在有配重条件下，该值很小；

　　　W_L——支撑器活动架重量。

若机架间带钢自重为 W_1，带钢自重力矩为：

$$M_Q = R W_1 \cos\alpha \tag{10-10}$$

带坯弯曲力矩设为 M_b，带坯弯曲力矩与坯料厚度及变形抗力有关，也与弯曲速度有关。

$$M_b = \sigma_s \left(1 + g \frac{d\theta}{dt} \right) W_h \tag{10-11}$$

式中　W_h——钢坯抗弯模量，$W_h = \frac{bh^2}{6}$；

　　　σ_s——轧件屈服应力；

　　　g——弯曲速度影响系数。

最终上面四个力矩之和由电机轴输出力矩 M_{ref} 平衡，力矩作用如图 10-4 所示[5]。

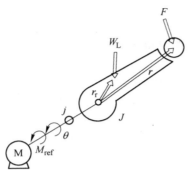

图 10-4 电动活套系统

10.2.1.3 活套支撑器力矩动平衡方程

活套支撑器力矩动平衡方程如下：

$$M_{ref} - (M_T + M_W + M_Q + M_b) = \frac{G'D'^2}{375} \times \frac{d^2\theta}{dt^2} \qquad (10-12)$$

式中，$\dfrac{G'D'^2}{375}$ 为活套支撑器电机 GD_M^2 及活动支撑架 GD_L^2 的合成飞轮力矩。

将式（10-8）～式（10-11）代入式（10-12），建立起活套支撑器的动平衡方程。

$$C_m \frac{u(t)}{R_s} - \left(M_T + M_W + M_Q + \sigma_s W_h + \sigma_s W_h g \frac{d\theta}{dt}\right) = \frac{G'D'2}{375} \times \frac{d^2\theta}{dt^2} \qquad (10-13)$$

按微分阶数排列得到标准二阶线性微分方程：

$$\frac{G'D'^2}{375} \times \frac{d^2\theta}{dt^2} + g\sigma_s W_h \frac{d\theta}{dt} + R'l\cos\theta + RW_1\cos\alpha + \frac{R}{i}T(\sin\alpha + \sin\beta)\cos\theta$$

$$= C_m \frac{u(t)}{R_s} + \sigma_s W_h \qquad (10-14)$$

其中 α, β, θ 有如下三角函数关系：

$$\tan\alpha = \frac{l\sin\theta}{a + l\cos\theta} \qquad (10-15)$$

$$\tan\beta = \frac{l\sin\theta}{b - l\cos\theta} \qquad (10-16)$$

式中，a、b 为图 10-3 中支撑器支点距离。

由上述对热轧连续轧机的机架求解方程式（10-14）可得到标准的时域微分公式：

$$\frac{d^2\theta(t)}{dt^2} + 2\zeta\omega_n \frac{d\theta(t)}{dt} + \omega_n^2\theta(t) = K\omega_n^2 u(t) - R_s k \frac{M_{ref}}{C_m}\omega_n^2 \qquad (10-17)$$

式中，机械传动常数、电磁常数、固有频率都是活套支撑系统独有的，为保证响应的快速性和摆动的柔软性，活套支撑器的结构要精心选择。在此基础上，可以进行活套的动态特性分析。

10.2.2 活套支撑器动作的 Simulink 模块化模型

采用活套支撑器可以迅速建立张力，减少无张力的自由段。活套支撑器的工作过程如下：两架轧机连轧初期，活套支撑器的动作分为有无张力的两个阶段。第一阶段是自由轧制阶段，这时活套支撑器放平，轧机从前架出来，没有张力，直到后架咬入。这时轧机咬入负荷增加，出现动态速降，一般会有前架出口速度短时间高于后架入口速度，于是出现逐渐升高的活套。第二阶段，轧制力信号启动活套支撑器抬起。活套支撑器从静止开始追赶套高，然后撞上拱起的带钢。活套支撑器工作过程仿真见图 10-5[6]。

图 10-5 中，活套按速度差和时间上升，支撑器存有动能，距离长、动力大，冲击能就大，如果是液压缸支撑则惯性很小，冲击也就较少。碰撞后开始建立张力，直到各力系平衡。堆钢程度与追赶速度决定碰撞时活套高度，也决定张力大小，即活套支撑器稳定角度代表张力大小。

总体分成两部分，一部分是由前后架速度差计算张力，这一计算由积分器控制，先是出口速度大于入口速度出现负积分，图中 "If action subsystem" 不启动，应力计算停止，待出现正积分，消耗掉负积分，"If action subsystem" 框才开始用速度差计算张应力。另一部分是活套支撑器运算。速度差如果为负，开关 'Switch1' 指向 −1，使得 "If action subsystem1" 启动，进行负向积分，表示空活套增加。同时活套支撑器从开始一刻，就启动上升，其中数值2.9由式（10-10）计算得到，表示支撑器惯性常数（包括支撑器板和力矩电机得到），这一系数大，支撑器惯性抬升高度大。数值45表示动力大小，数值越大，支撑器抬得越快，考虑时间累积，支撑器速度越来越大，动能储蓄也越大，碰撞时撞击力就越大。方框 "If action subsystem2" 输出表示支撑器积分高度，它与计算的带钢活套三角形高相比较，为负说明没追上，为正说明已经碰上，超过2.9，延时关闭高度积分。同时，开始计算上冲量。上冲量除以带钢断面积，转为支撑器高度。这一高度与张力形成的下压高度相减，得到支撑器平衡高度，与原来活套高度相加，为最后支撑器高度。故系数0.2决定带张力时活套高度保持多少。同时上挑力增加张力，这一张力加上速度差引起的张力为最后总张力。

积分的负张力还负责速度差的正张力是否输出，因为已经放出的活套需要吸收，吸收完毕才可以建立张力，而不是速度差为正后立即建张。

显然，带钢出入口速度差计算的速度差是关键，由它来进行判断，要么有张力，要么张力为负，转向计算活套堆钢。

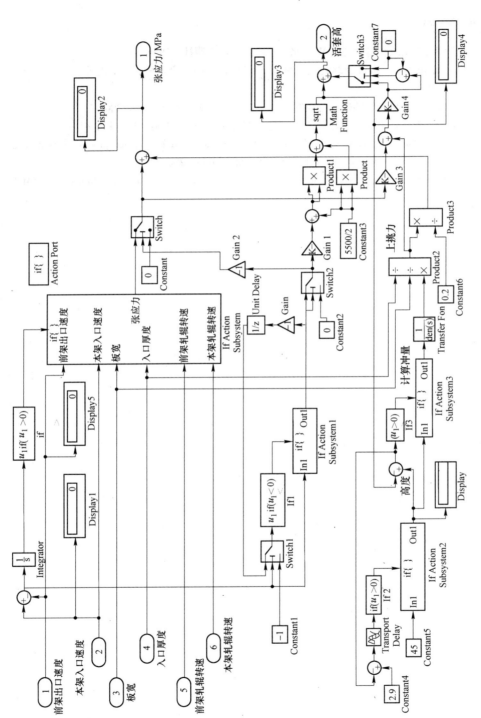

图 10-5 活套支撑器动态仿真模块

参 考 文 献

[1] 丁修堃. 轧制过程自动化 [M]. 北京：冶金工业出版社，1986.

[2] [日] 镰田正诚. 板带连续轧制 [M]. 李伏桃，陈岂，康永林，译. 北京：冶金工业出版社，1986.

[3] 孙一康. 带钢热连轧的模型与控制 [M]. 北京：冶金工业出版社，2002.

[4] 郑申白. 连轧张力的新型计算公式 [J]. 塑性加工学报，2006，23 (4)：45~49.

[5] Zheng Shenbai, Ma Jinhong, Li Zengfeng. Study on new model of tension process in continuous rolling [J]. Materials Science Forum, 2010, 654~656：226~229.

[6] Zheng Shenbai, et al. Looper lifter movement simulation for continuous hot rolling [J]. AMM, 2010, 44~47：494~498.

11 | 板带跑偏的张力模型

在连轧带材时，张力对轧件跑偏有强烈纠偏作用，这种作用分两种情形，一种是当前架轧件在轴向力的作用下，发生平行移动，张力对其产生纠正拉拽；另一种是轧件两侧出口速度不等，出现镰刀弯，导致内外侧张力不同，引起拉拽纠正跑偏。为能仿真这种跑偏，需要两侧计算出口速度，将这一过程体现出来。

11.1 带钢轧制自由跑偏基本模型

产生跑偏机理如下[1]：

（1）坯料宽度方向的温度不均，导致两侧轧制力不同；

（2）轧机左右牌坊的刚度不等，包括轴承在座内的配合、液压缸的泄漏、平衡力不等、传动侧有万向轴的自重等，导致弹跳不一样；

（3）轧件喂钢已经跑偏中心线，轧制力两边不等；

（4）轧件楔形使得均等辊缝压下不同，来料厚的一侧压下大，延伸多，成为镰刀弯外侧；

（5）两边压下不等直接造成轧件延伸不同，出现镰刀弯。

前 4 点是轧件本身或辊道放置出现的问题，第 5 点是轧机设备硬件问题或检测仪表问题。

轧制仿真需要轧机两侧分别计算弹跳和辊缝，就可以在原料参数和设备性能参数上进行上述各种缺陷设置，以检验程序功能是否符合实际经验。

自由镰刀弯也可理解为与延伸差成正比，与持续时间或轧出长度成正比。由于轧件是逐渐从轧辊出口出来的，所以镰刀弯轧件弯曲轨迹是圆弧形。以弯曲带钢中心与轧制中线偏离距离 Δ 表示弯曲程度，则端头的旁弯量计算如下：

$$\Delta = \left(R_0 - \frac{b}{2} \right)(1 - \cos\alpha) \tag{11-1}$$

式中 R_0——带钢弯曲半径；

     α ——弯曲扇形夹角；

     b ——轧件宽度。

中心线平均长度：

$$\bar{L} = \frac{L_1 + L_2}{2} \tag{11-2}$$

式中，L_1、L_2 为带钢两边长度。

$$\bar{L} = R_0 \alpha \tag{11-3}$$

$$\frac{\eta_1}{\eta_2} = \frac{L_1}{L_2} \tag{11-4}$$

式中，η_1、η_2 为带钢两边压下率。

$$\Delta = \frac{b}{2\left(\frac{\eta_1 - \eta_2}{\eta_1 + \eta_2}\right)}\left\{1 - \cos\left[\frac{2\bar{L}}{b}\left(\frac{\eta_1 - \eta_2}{\eta_1 + \eta_2}\right)\right]\right\} \tag{11-5}$$

任何引起平板轧件两边出口速度不等的原因，都造成镰刀弯，如轧件两侧温度不均，摩擦不均，两侧压下不等。

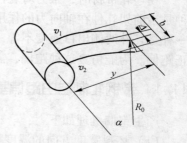

图 11-1 中上、下出口速度为 v_1、v_2，轧件宽为 b，厚度为 h，自由镰刀弯的程度与两侧速度差成正比，也与持续时间或轧出长度成正比。

设 v_1 大于 v_2，轧件出口向下弯，故上沿圆弧：

图 11-1　端头镰刀弯跑偏示意图

$$v_1 t = \left(R_0 + \frac{b}{2}\right)\alpha \tag{11-6}$$

式中，t 为运行时间。

下沿圆弧：

$$v_2 t = \left(R_0 - \frac{b}{2}\right)\alpha \tag{11-7}$$

式（11-6）与式（11-7）相减得到：

$$\alpha = \frac{v_1 - v_2}{b}t \tag{11-8}$$

式（11-6）与式（11-7）相加得到：

$$R_0 = \frac{b}{2} \times \frac{v_1 + v_2}{v_1 - v_2} \tag{11-9}$$

式（11-9）说明，镰刀弯圆弧半径只与轧件宽度和出口速度差有关，与时间无关。轧件弯曲轨迹类似半个弓形。

以弯曲带钢中心与轧制中线偏离距离 Δ 表示弯曲程度，y 表示任一跑出距离，则端头的旁弯量计算如下：

$$\Delta = R_0(1 - \cos\alpha) = R_0 - \sqrt{R_0^2 - y^2} \tag{11-10}$$

式中，$y \approx \bar{v}t$，与速度和时间有关，$\bar{v} = \dfrac{v_1 + v_2}{2}$。

式（11-10）说明自由跑偏的镰刀弯程度与速度、速差及时间有关系。

11.2 连轧时轧件中心跑偏的张力作用

稳定微张力连轧下，前架出口轧件横向速度因单侧压下或摩擦接触面出现差异时，两侧张力跟随发生改变。因为前架轧件出口速度慢的一侧，速差增大，张力来自于前后轧件入、出口速度差，故张力增加，拉拽加强，出口速度快的一侧张力不变或下降。

张力减少跑偏的实质是，一侧张力增加，轧件变形抗力下降，轧件变薄，出口速度加快，接近另一侧。关键是要计算拉拽轧件的最大张力达到多少，显然，张力超过屈服极限就会撕开，不超过屈服极限，跑偏的轧件会在侧弯和拉回原位之间达到平衡。

微小速差引起的拉拽和中心偏移计算步骤如下：

（1）分别计算两侧瞬时出口速度（辊速、前滑）；

（2）计算最大拉拽张力（张力公式）；

（3）判断该张力是否屈服，撕裂；

（4）因出口速度提升，达到左右一致，计算新平衡下张力。

在已有张力 Q_0 的轧制条件下，当前架轧辊中心线交叉或辊缝不平行，变形区出现横移轴向力 T，轧件便发生轴向移动（见图 11-2）[2]。

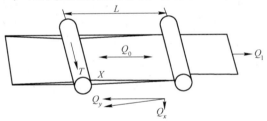

图 11-2 前架轧件整体轴向移动时张力作用示意图

图 11-2 中，因为轧件有横移，原有张力 Q_0 方向改变，产生回位趋势，同时轧件被伸长，产生张力增量。原来机架间中心线 L 距离因出现轧件中心连线偏斜后，伸长增量为 $\Delta L = L' - L$，L' 为轧件偏斜后的长度，x 为平衡时的横移量，则 $L' = \sqrt{L^2 + x^2}$，从而有张力纠偏增量 ΔQ，它与 ΔL 的关系为：

$$\Delta Q = \frac{\Delta LEF}{L} \tag{11-11}$$

张力纠偏增量与轧件原有张力 Q_0 叠加，在横向方向的投影是纠偏力 Q_x：

$$Q_x = (\Delta Q + Q_0) \times x/L' = \left(\frac{\Delta LEF}{L} + Q_0 \right) \times x/L' \tag{11-12}$$

式中，E 为轧件弹性模量；F 为轧件横断面积。

在 T 的作用下，轧件向一侧移动。移动越多，张力纠偏作用就越大。当纠偏

力 Q_x 与轧件横移的轴向力 T 相等时，轧件便处于动平衡状态，这时轧件横向位移量为 x。横移的轴向力 T 是由前架轧制变形来决定的，初始张力 Q_0 取决于轧制时轧件前后的速度差，一旦 $Q_x = T$，式（11-12）便能解出未知横向位移量 x。

11.3 张力限制镰刀弯跑偏的计算模型

在稳定张力轧制时，如果前架开始出现跑偏，原有张力引起轧件左右侧张力不等，内侧张力上升较快，外侧偏慢。这一张力差引起轧件向中心恢复（见图11-3）。因此带张力的连轧对跑偏起到限制作用[3]。

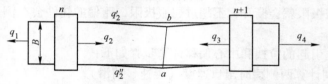

图 11-3 带张力跑偏示意图

图 11-3 中，原来机架之间张力 $q_2 = q_3$，当连轧轧件原始位置在中间，轧件内有初始张力 Q_0。原来机架之间轧件速度为 V，它是张力 Q_0 作用下的平均速度。当出现轧件两边出口速度不等，外侧 b 点出口速度快，与后架速差减小，张力下降，张力由 q_2 过渡到 q_2'；内侧 a 点出口速度慢，与后架速差增大，张力增加。张力由 q_2 向 q_2'' 发展，q_2'' 大于 q_2'。其纠偏张力如 11.2 节，包括原始张力，再横向投影，是纠偏力 Q_x，拉拽轧件作拉直自调整。

图 11-4 可见，自由出口弯曲的轧件，在纠偏力作用下弯曲会减少，轧件内产生弯曲力，与张力产生的轴向拉拽力抗衡，这时轧件处于动态平衡，如图 11-5 所示。

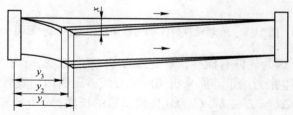

图 11-4 改变张力对镰刀弯的影响

此时前架出口侧轧件中心弧长处在 y 处，本应有最大跑偏量 Δ，但实际是 x。当张力变大时，最大跑偏点距离 y 缩短，跑偏量 Δ 也减少，就是说图 11-4 中每个平衡点都是不同张力轴向拉拽平衡的结果。设端头自由下垂为 Δ，被张力回位力 Q_x 拉回一段距离，实际下垂为 x，这些位移之间的关系是：

$$x = \Delta - \frac{Q_x y^3}{3EJ} = R_0 - \sqrt{R_0^2 - y^2} - \frac{Q_0 x y^3}{3EJL} \tag{11-13}$$

其中对式（11-13）进行简化，得到 $Q_x = \dfrac{Q_0}{L-y}x$，因 y 远小于 L，故忽略 y 分母变成 L。此时，y 不再是时间函数，仅是动平衡时的出口距离。

式（11-13）有两个待求变量，需要另外的力学或几何方程才能解出。

实际生产当中轧件跑偏是常见现象，一些论文对跑偏现象进行分析，提出不同的模型方法。

一般牌坊轧机的轧制是在轧辊中部，轧辊两侧经轴承座各自承担轧制力近一半的负荷，经过液压缸传递到牌坊上盖。两边液压缸的对称特性对轧件稳定轧制具有重要意义。如果仿真平台只用一路讨论轧辊对应轧件的轧制力大小，就不能研究轧件跑偏、轧件横向性能不均、液压缸响应不一致等问题。

11.4　双侧牌坊 Simulink 模块图

在实际轧制过程中，轧件经常不能对中线咬入，时常有初始跑偏和轧制中间跑偏，依靠现场的自动校正控制合张力，可以使跑偏得到纠正。

为对轧件楔形、偏离中心咬钢和跑偏进行仿真，作为流程控制软件可以设置双侧设备工艺参数仿真接口。一般轧件可能两侧厚度不同和中心不同，这里仅考虑两侧独立输入厚度，见图 11-5[4]。

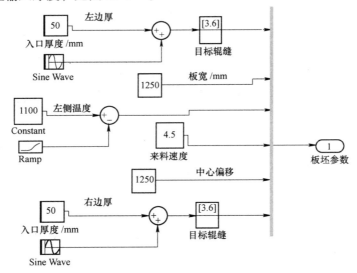

图 11-5　双路材料输入模块

轧机计算模块也分成两路，各自按设定的来料参数计算轧制力，轧制力作用到液压缸压下系统。两边速度计算完毕进入跑偏计算模块，速度不同导致轧件出现镰刀弯，同时有张力差。此时分初始自由镰刀弯和轧制中间侧弯。如果刚出轧机，则计算入下架轧机的偏移位置，如果是轧制中间轧件两侧速度不等，直接计算增加的张力。这时有两种情况：一是张力上升超过屈服而撕裂；二是将轧件拽回中心，减少跑偏。而且专门设置手动参数变动对话点，改变压下量，设置侧弯数值显示窗口，显现两边出口速度不等和跑偏量，从而将侧弯现象体现出来。

当跑偏达到张力拉拽平衡时，跑偏量达到某一稳定值。张力越大跑偏量越小。镰刀弯越小，带材中心跑偏也越少。

参 考 文 献

[1] ［美］金兹伯格 V B. 高精度板带材轧制理论与实践 ［M］. 姜明东，王国栋，译. 北京：冶金工业出版社，2000.

[2] ［日］镰田正诚. 板带连续轧制 ［M］. 李伏桃，陈岩，康永林，译. 北京：冶金工业出版社，1995.

[3] 代晓莉，赵宪明，王国栋，等. 热轧带钢蛇行过程的动态模拟仿真 ［J］. 轧钢，2003，20 (2)：4~7.

[4] Shenbai Zheng, et al. Study on tension model of running deviation for strip rolling ［J］. AMR, 2013. 779~780：84~87.

12 ║ 轧机传动系统的扭振

任何有旋转的传动机械都会有扭转振动问题。轧辊被倾斜传动杆驱动旋转，作用力周期变化，自然轧辊存在受迫振动。轧机传动是一个多传动轴连接的机械动力学系统，每根轴都是质量弹性体，且轴两端挂接万向接轴惯性质量，它们的固有频率与转速存在多个谐振频率。电机力矩通过传动轴，传递到轧辊上，传动轴需要承担很大剪切力，发生共振则使剪应力成倍变大。

齿轮传动会有间隙，万向传动轴连接更是有间隙，振动幅度首先取决于传动力矩大小和机械间隙，如套筒连接杆，在重力作用下，连接杆如果没有托架，转动起来振动声音十分大。其次，转动频率与传动杆自然频率接近时发生共振，或者扭转杆在大扭矩时容易发生扭颤[1]，如同长杆失稳一样，先期达到弹性扭颤。

万向轴本身如果有任何损坏硬伤，每周期也会出现数次大的阻力峰值，这会引起周期性扭振，其频率与转速倍率一致。

本章讨论轧机机械系统的固有频率计算，以便从轧机传动的机械与工艺条件出发，建立轧机传动轴系的扭振模型和 Simulink 模块，对传动各部件在扭振情况下的受力过程进行仿真。

12.1 轧机传动轴的剪切应力计算

传动轴传递的负荷分三个部分：一是基本工作力矩即轧制力矩和摩擦阻力矩；二是共振附加扭矩，它与传动轴转动频率同共振频率之比有关，比率为 1 时，共振最强烈；三是间隙造成的冲击扭矩，冲击扭矩源于间隙前后负载不同，轻负载时运动快，再突然带重负载就会出现撞击。扭振冲击状态的峰值转矩要比正常传动转矩大许多，易于达到甚至超过剪切极限而造成破坏。

图 12-1 为传动轴力矩和转速传递示意图[2]。

图 12-1　传动轴扭振和强度校核判断仿真示意图

12.1.1 强度计算

空心轴转动惯性矩计算：

$$J_p = \frac{\pi}{32} \times (D^4 - d^4) \tag{12-1}$$

式中　D——接轴外径；

　　　　d——接轴内径。

接轴表面剪切应力为：

$$\tau = \frac{M_k R}{J_p} = \frac{M_k}{W_n} \tag{12-2}$$

式中　M_k——传递扭矩，$kN \cdot m$；

　　　　W_n——接轴抗扭模量，$W_n = \dfrac{J_p}{R} = \dfrac{\pi D^3}{16}\left(1 - \dfrac{d^4}{D^4}\right)$。

运行时的剪切应力应为材料剪切极限的 1/3：

$$\tau \leqslant 0.3[\tau] \tag{12-3}$$

12.1.2 共振频率计算

单根传动轴的转速换算成旋转频率 ω：

$$\omega = \frac{2\pi}{60}n \tag{12-4}$$

单个传动接轴固有旋转角频率计算如下[3]：

$$\omega_n = \sqrt{\frac{K_t}{J}} = \sqrt{\frac{K_t 4g}{WD^2}} \tag{12-5}$$

式中　WD^2——扭转轴上等效飞轮矩；

　　　　K_t——传动轴扭转刚度（单位扭转角度时扭转力矩大小，与长度有关）：

$$K_t = \frac{G}{l}J_p \tag{12-6}$$

式中　G——剪切弹性模量，一般钢材取 80GPa/rad；

　　　　l——传动轴段的长度，电机到减速机取 0.7m，减速机到齿轮座 0.7 ~ 3m，万向接轴长常取 2.0m。

旋转体转动惯量 J 的计算公式是：

$$J = m\rho^2 = \frac{W}{g}\left(\frac{D}{2}\right)^2 = \frac{WD^2}{4g} \tag{12-7}$$

式中　m——传动轴两端以质量衡量的转动体质量，$m = \dfrac{W}{g}$；

　　　　WD^2——旋转体的飞轮矩，5000kW 交流电机转子取 20t · m²，4500kW 直流电机取 70t · m²。

当空心连接圆轴 $D=250mm$，$d=130mm$，$l=0.7m$ 时，单轴扭转弹性刚度 $K_t=40623.58kN \cdot m^2/rad$。

轧机扭振破坏的主要原因是扭矩过大，造成扭转体表面剪应力过大。共振是提升扭矩峰值的重要原因，但传动系统常常有多种谐振频率，即传递过程在一定条件下，多质量的弹性传动轴体产生多频率的扭转谐振动，如轧机连接轴段是串联（如电机出轴、减速机出轴、固定连接轴的串联）形式，则其总扭转刚度 $K_{t\sum}$ 是各分段扭转刚度 K_{t1}、K_{t2}、$\cdots$、K_{tn} 倒数之和，即：

$$\frac{1}{K_{t\sum}} = \sum \frac{1}{K_{ti}} \tag{12-8}$$

如果连接轴段是并联形式（如两根万向接轴），则其总扭转刚度是各分段扭转刚度总和，即：

$$K_{t\sum} = \sum_{i=1}^{n} K_i \tag{12-9}$$

扭转角周期计算比较复杂，因为相邻不同部件组合就有不同的谐振频率，依据总刚度计算的扭转周期计算如下[4]：

$$T_R = \frac{1}{2\pi f_R} = \sqrt{\frac{WD^2}{K_{t\sum}4g}} \tag{12-10}$$

如果旋转惯性质量远大于接轴质量，接轴质量就可以忽略。

12.1.3 齿面间隙冲击计算

上述模型中未考虑齿面间隙，只考虑共振的传动轴动态模块化仿真。间隙越大，转速越高，冲击扭矩越大。间隙冲击专门在 12.4 节分析。

12.1.4 传动轴扭转变形静力学计算[4]

传动轴扭转角 γ 的变形静力学计算公式如下：

$$\gamma = M_k/K_t \tag{12-11}$$

12.1.5 轧机系统转矩动平衡模型建立

图 12-2 为常见的轧机传动系统，每个轴系有合成摩擦阻力矩和合成附加摩擦阻力矩（过钢重负荷产生）。

在齿轮传动中，两个啮合齿轮的线速度相同，故有：

$$\omega_1 r_1 = \omega_2 r_2 \tag{12-12}$$

式中　ω——各轴角速度；

　　　r——齿轮节圆半径。

齿轮传送的功率亦相同，因此：

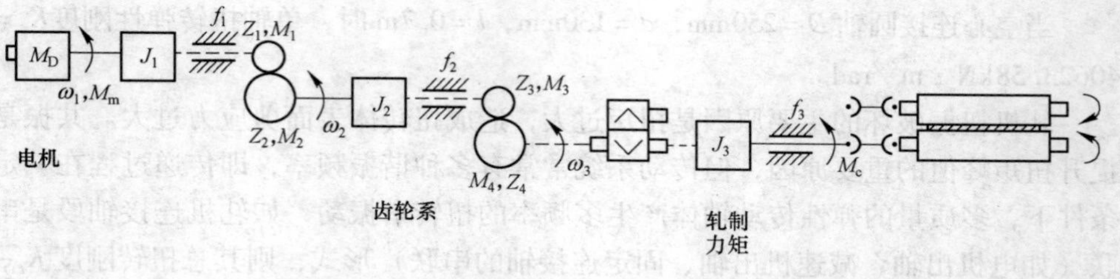

图 12-2　带二级减速器的轧机传动系统

$$M_1\omega_1 = M_2\omega_2 \qquad M_3\omega_2 = M_4\omega_3$$

式中　M——中间转矩。

轴承中空转摩擦力矩：

$$M_{f0} = f_0\omega \tag{12-13}$$

式（12-13）表示轴承中摩擦阻力矩正比于旋转角速度，该式形式简单，但与日常概念相悖。实际轴承摩擦系数是开始很高，一定转速后归为常数，如模型 $M_{f0} = f_0(1 + ae^{-\frac{v}{v_0}})$ 表示这种递减稳定情况，但该式较为复杂，约简时甚至无法运算，只能化成级数展开使用。或者进行折线判断，一定转速后，摩擦力矩为常量。

还有轧制时特有的附加摩擦力矩，完全与负荷有关，即齿轮轴承摩擦扭矩与负荷扭矩成正比。只考虑空转摩擦力矩的动平衡方程组如下：

电机齿轮 1 的力矩动平衡方程为：

$$J_1\frac{d\omega_1}{dt} + f_1\omega_1 + M_1 = M_m \tag{12-14}$$

式中　J_1——第一轴上所有转动质量；

　　　M_m——电机输出力矩。

为便于计算，传动系统可以对惯性部件与弹性部件的组合进行合并，使整个系统得以简化，简化的原则是将相对较小的质量忽略不计，轴段刚度较大的两端惯性部件可以合并，轴段刚度很小的两端则不能合并。

齿轮 2、3 的力矩动平衡方程为：

$$J_2\frac{d\omega_2}{dt} + f_2\omega_2 + M_3 = M_2 \tag{12-15}$$

齿轮 4、齿轮座轧辊的运动方程为：

$$J_3\frac{d\omega_3}{dt} + f_3\omega_3 + M_4 = M_c \tag{12-16}$$

合并上述三式：

$$J\frac{d\omega_1}{dt} + f\omega_1 + M_c = M_m \tag{12-17}$$

式（12-17）就是机械环节或电气环节常见的二阶线性定常微分方程，输出变量为隐函数形式,运动过程为弧度对时间的二阶振荡。对二阶线性定常微分方程进行传递函数变换,就可写出显式输出比输入的形式,这样多个控制环节就可以进行整体的时域分析。

12.2 轧机传动系统的扭振状况

轧机扭转振动是在动力学中研究的。轧机传动系统是由若干惯性部件(包括电机、联轴器、轧辊等)和弹性部件(连接轴等)组成的质量弹簧系统。在稳定加载时,负荷低,连接轴中的扭矩仅在转速变化时有一些小波动,系统不会发生共振。但是在突加载重负荷(如咬钢、抛钢、制动、变速等操作)的作用下,这样的质量弹簧系统会发生不衰减甚至有所增加的扭转振动。传动轴作为轧制转动系统的一个环节,具有一定的弹性扭转特性,这种特性在正常轧制时能够抵御外来干扰,初期的振荡会自动衰减。但负荷过重,或发生共振会使传动轴上的振荡加剧,轧制过程发生波动,甚至传动轴断裂。图 12-3 为热连轧四辊轧机传动原理图。

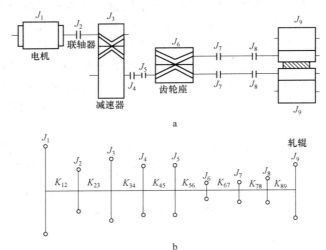

图 12-3 热连轧四辊轧机传动原理图

a—轧机机列转动惯性矩分布图;b—轧机机列连接件刚度分布图

在轧机的扭振分析和计算中主要的动力学参数有:

(1)扭振固有频率。轴系扭振固有频率在计算与设计时便可由机械动力学模型计算出来(式(12-2)),所有转动惯性体的组合都有不同的振动频率。

一般简化成两轴端带转动质量的简图,见图 12-4。扭振固有频率是辨识各类异常扭振现象的基准。

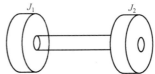

图 12-4 减速器多级传动单轴仿真示意图

对于热连轧机精轧主传动，每架有多种机械振动频率。如图 12-3 所示采用交流电机驱动的四辊板带轧机，交流电机容量为 7000kW，其中 J_1 代表电机，J_3 和 J_4 代表变速箱和齿轮座，J_9 代表轧辊，K_{12}、K_{23} 和 K_{34} 等代表各连接轴的弹性系数。

有些机架的电机直接经人字齿轮驱动上下轧辊。某厂多架轧机传动轴系的扭振固有频率见表 12-1。

表 12-1 各机架传动轴系振动固有频率　　　　　　　　　　　　（Hz）

谐振频率	f_1	f_2	f_3	f_4
F_1	20.7	41.1	60.3	119
F_2	20.7	36.9	61.3	120
F_3	18.8	62.9	116.4	212.3
F_4	17	71	142.2	227.3
F_5	18	67.1	129.9	204.3
F_6	18.3	67.7	130.3	204.6

由表 12-1 可见，一般大型轧钢机，由于轧辊、电机转子都具有较大的转动惯量，其间又有较长的万向接轴相连，故轧机主传动系统的扭振固有频率往往比较低。F_1、F_2 架一阶扭振固有频率为 20.7Hz，这是因为传动接轴选择稍粗，$F_3 \sim F_6$ 的扭矩小，固定接轴和万向接轴直径都小于 500mm，一阶扭振固有频率都在 17~18Hz。此外，有学者根据轧机传动的理论分析和工程实践，认为为减少扭振的影响，各阶频率之间应满足一定关系，也有人认为联轴器间隙是影响共振频率的关键。

（2）共振扭矩放大系数（Tension Amplify Factor）。所谓扭矩放大系数（TAF），即主传动系统发生扭转振动时，轧辊上力矩的最大尖峰值 M_p 与轧钢力矩的稳定值 M_N 之比，用以判定扭振发生时轧机主传动系统的最大动力负荷。

由扭振造成连接轴上的最大扭矩值比正常轧制时的稳态扭矩要大得多，这种振动与正常的稳态振动不同，有时也呈衰减态势，即突加载荷每出现一次，就会激起一次振动，随即衰减消失，这在生产工艺加大负载时最容易出现，它也是长期共振的先兆。

强迫振动的一般振幅比 TAF 可写为：

$$TAF = \frac{A}{x_s} = \frac{1}{\sqrt{\left(1 - \dfrac{\omega^2}{\omega_n^2}\right)^2 + \left(2\beta\dfrac{\omega}{\omega_n}\right)^2}} \tag{12-18}$$

扭振是轧钢生产过程中普遍存在的现象，尽管多数为衰减振荡，但也会加速传动轴疲劳。

在轧钢过程中，咬钢、抛钢等轴系上的负载变化会引起扭振，扭振的峰值力矩与力矩放大倍数，不仅与轴系弹性惯量分布有关，还与瞬时加载特性（如咬钢速度、压下量、带钢端头形状、温度等）有关。扭振的尖峰力矩是叠加在轧制力矩上的交变力矩，其幅值较大，所产生的高应力往往导致轴系部件的疲劳，甚至一次性破坏对轧机安全运行带来很大威胁。扭振频率是轴系综合振动频率，一般属于阻尼衰减型扭振，其衰减速度取决于轴系阻尼系数。

（1）咬钢。图 12-5 是某轧机在咬钢时传动系统发生的扭振波形。咬钢时，轧件冲击高速旋转的轧辊，此时相当于轧辊上突加了阶跃力矩，于是发生扭振。

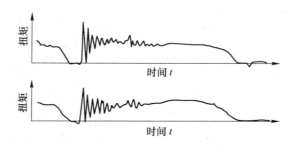

图 12-5 某轧机在咬钢时传动系统发生的扭振波形

（2）轧制中打滑时的扭振现象。图 12-6 为轧制打滑时的扭振波形。咬钢打滑时，由于轧件未稳定咬入，轧制正压力时有时无，虽然轧件与轧辊接触，但存在着相对位移，因此它们之间的摩擦以及轧辊上的负载力矩均极不稳定，轧辊上出现间歇性尖峰力矩，其峰值大大超过正常轧制力矩，而此时电动机的电磁力矩仅出现小幅值的波动。

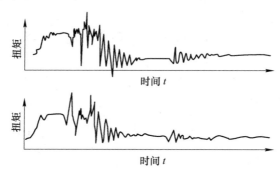

图 12-6 轧制中打滑时的扭振波形

轧制过程中，如果轧件上存在黑印、表面摩擦系数不均匀，轧辊和轧件会产生打滑，发生扭振。

这些振荡也表明系统已经处于较为临界负荷的状态，在增加负荷或提高运行速度时，容易使振动扩大，要及时采取措施，防止振荡持续甚至扩大。

12.3 轧机扭振系统分析

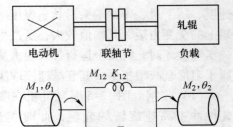

图 12-7　二质量系统与等效原理图

M_1—电机输出电磁转矩；M_2—负荷转矩；
M_{12}—连接轴扭矩；K_{12}—连接轴弹性系数；
B—物理阻尼系数；ω_1—电机旋转角频率；
ω_2—轧辊旋转角频率；α_1—电机角加速度；
α_2—轧辊角加速度；J_1—电机转动惯量；
J_2—轧辊转动惯量；θ_1—电机旋转角度；
θ_2—轧辊旋转角度

　　为了分析方便，我们将几种轧机机械传动系统加以讨论，对于单辊传动叠轧薄板轧机，可以将其看成是由电动机和轧辊通过中间弹性轴连接在一起的二质量系统，图 12-7 为这种无缝隙理想状态的物理模型。

　　根据图 12-7，写出电动机的电磁转矩 M_1 为[5]：

$$M_1 = J_1 \frac{\mathrm{d}^2\theta}{\mathrm{d}t^2} + B\left(\frac{\mathrm{d}\theta_1}{\mathrm{d}t} - \frac{\mathrm{d}\theta_2}{\mathrm{d}t}\right) + K_{12}(\theta_1 - \theta_2) \qquad (12\text{-}19)$$

连接轴中的转矩是：

$$M_{12} = K_{12}(\theta_1 - \theta_2) + B(\omega_1 - \omega_2) \qquad (12\text{-}20)$$

连接轴转矩承担了使负载加速的任务，对于轧辊而言有：

$$M_{12} = J_2 \frac{\mathrm{d}^2\theta_2}{\mathrm{d}t^2} + M_2 \qquad (12\text{-}21)$$

将式（12-21）代入式（12-20）：

$$J_2\ddot{\theta}_2 = K_{12}(\theta_1 - \theta_2) + B(\dot{\theta}_1 - \dot{\theta}_2) - M_2 \qquad (12\text{-}22)$$

用拉氏变换 s 表示为：

$$J_2\theta_2 s^2 = K_{12}(\theta_1 - \theta_2) + B(\theta_1 - \theta_2)s - M_2 \qquad (12\text{-}23)$$

将式（12-20）求二阶导：

$$\ddot{M}_{12} = K_{12}(\ddot{\theta}_1 - \ddot{\theta}_2) + B(\ddot{\omega}_1 - \ddot{\omega}_2) \qquad (12\text{-}24)$$

将上式代入式（12-20）和式（12-21）中，整理得到：

$$\dot{M}_{12} + 2\xi_0\omega_0\dot{M}_{12} + \omega_0^2 M_{12} = \frac{K_{12}}{J_1}M_1 + \frac{K_{12}}{J_2}M_2 \qquad (12\text{-}25)$$

其中系统自由角频率（基频）：

$$\omega_0 = \sqrt{K_{12}\frac{J_1 + J_2}{J_1 J_2}} \qquad (12\text{-}26)$$

系统阻尼系数：

$$\xi_0 = \frac{B}{2\sqrt{K_{12}J_2}}\sqrt{\frac{J_1 + J_2}{J_1}} \qquad (12\text{-}27)$$

采用上述传递函数，借助仿真代入现场数据，可以以波特图的形式分析频率响应特性，从而确定系统的工作稳定性。频率响应特性的绝对值则取决于阻尼因数 B，它与轴承状态和连接器间隙有关。

将前面传动轴扭转刚度数值代入得到 $\omega_n = 89.28\text{rad/s}$ 或 $T_R = 0.0112$（14.2Hz）（考虑电机转子飞轮力矩为 $20\text{t} \cdot \text{m}^2$），当惯性质量远大于传动轴本身时，忽略传动轴本身质量。这里只考虑电机转子、减速机齿轮、人字齿轮和旋转的轧辊。

精轧机末架转速为 250r/min，这时角频率 $\omega = 26\text{rad/s}$。

带有减速机的四辊轧机应用在宽带粗轧和 F_1、F_2 精轧机系统，其中 J_1 代表电机，J_2 代表减速机，J_3 代表齿轮座，J_4 代表轧辊及支撑辊，K_{12}、K_{23} 是联轴器扭转弹性系数，K_{34} 是万向轴的扭转弹性系数，它们可化减为图 12-8 的四质量系统三连接轴的模型图。

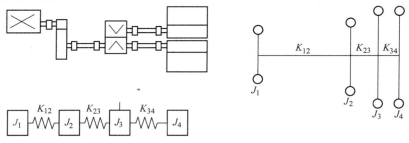

图 12-8　四质量系统的模型图

根据前面对二质量系统、三质量系统及四质量系统的分析，可以看到，轧机的传动系统实际上是多惯性质量通过连接轴、变速箱以及齿轮连接而成的复杂轴系，并随之产生一系列系统固有振荡频率。

承载大扭矩的联轴器或万向接轴具有较大质量，这时可以直接考虑为转动质量，这样，系统成为五质量或更多质量系统，图 12-9 所示为考虑接轴的多质量系统。这样接轴间隙可以由阻尼系数加以考虑，更接近实际。

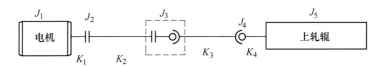

图 12-9　考虑接轴的多质量系统

12.4　间隙冲击放大模型分析

传递工作扭矩的传动接轴，除了共振会使扭矩升高以外，还有冲击咬钢的动态负荷。在有间隙时，会产生大的动态负荷，因为间隙消除之前，转动设备很快达到较高转速，然后在另一侧发生碰撞。间隙越大，速度差越大，冲击也就越大。转速越快，间隙效果越明显，故越是高速轴越要注意间隙影响。

轧机传动系统的扭振放大值用 TAF 表示，在没有传动间隙时，一般不会超过 3，而有间隙时，就会超过 4，严重时会达到 5 或 6，从而造成设备破坏，因而分析间隙造成的影响有很大必要。

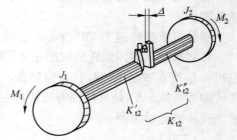

轧机传动系统由电机向减速机、齿轮座和轧辊传递动负荷。所有连接轴之间，齿轮之间可能存在如图 12-10 所示的传递间隙 Δ 。在轧机正常拖动运转时，这些间隙本来是闭合的。但是当辊道的线速度大于轧辊的线速度，咬入轧件瞬间，轧辊受到轧件头部的冲击而向前加速，从而使原来闭合的间隙打开，此后轧件被迅速咬入，轧制力形成的力矩立

图 12-10　传动间隙示意图

即使轧辊减速并使已打开的间隙重新闭合，产生了冲击。这个冲击来源于间隙两端惯量的转速差，假设这个角速度差用 ω_{12} 来表示，则咬入初始条件为：

$$M_{12} = 0$$

$$\ddot{M}_{12} = 0$$

将这两个初始条件代入阶跃加载动态响应公式中，可以求出间隙冲击咬钢时接轴中扭矩的表达式：

$$M_{12} = M_s + \sqrt{M_s^2 + \left(\frac{k_{12}\omega_{12}}{p}\right)^2} \sin(pt - \phi) \qquad (12\text{-}28)$$

式中，M_s 为静态扭矩，计算如下[6]：

$$M_s = M_n + \frac{J_2(C_m I_t - M_n)}{J_1 + J_2} \qquad (12\text{-}29)$$

$$\phi = \tan^{-1}\left(\frac{pM_s}{k_{12}\omega_{12}}\right) \qquad (12\text{-}30)$$

则接轴中扭矩的最大值为：

$$M_{12(\max)} = M_s + \sqrt{M_s^2 + \left(\frac{k_{12}\omega_{12}}{p}\right)^2} \qquad (12\text{-}31)$$

因为

$$p^2 = k_{12}\left(\frac{1}{J_1} + \frac{1}{J_2}\right) = k_{12}\frac{J_1 + J_2}{J_1 J_2} \qquad (12\text{-}32)$$

所以

$$M_{12(\max)} = M_s + \sqrt{M_s^2 + \frac{k_{12}J_1 J_2 \omega_{12}^2}{J_1 + J_2}} \qquad (12\text{-}33)$$

$$\text{TAF} = \frac{M_{12(\max)}}{M_{s}} = 1 + \sqrt{1 + \frac{K_{12}J_{1}J_{2}\omega_{12}^{2}}{(J_{1} + J_{2})M_{n}^{2}}} \qquad (12-34)$$

由式（12-34）可见，在没有间隙时，由于 $\omega_{12} = 0$，连接轴的 TAF = 1，而在有间隙的情况下，连接轴的 TAF > 2。如果这个间隙在靠近电机的前端，ω_{12} 要按传动比放大，使得连接轴的 TAF 远大于 2，这与前面的结论相一致，所以，降低接轴 TAF 的最有效措施是尽可能消除传动间隙，关键是传动端头或齿轮之间的配合精度。

12.5 轧机传动轴杆系统的仿真

完整的轧机传动仿真，应当按照四质量和 12.4 节讨论的多点分布间隙来考虑建模。本仿真为简单快捷，将电机、减速机、齿轮座和轧辊简化为一个旋转质量体和一根空心轴。

图 12-11 为传动轴的 MATLAB 模块结构图。简化的传动轴接在电机之后，输入设定的转速和转矩，输出带负荷后的转速很平稳，实际上一般在有传动接轴后，负荷变动和速度变动，输出都存在短时间抖动。

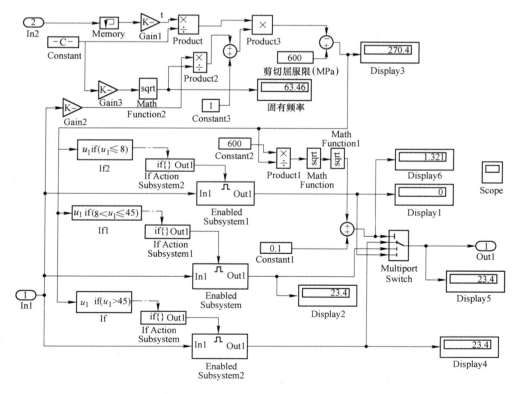

图 12-11 传动轴的扭转共振判定仿真工作框图

图 12-11 中传动轴是在一定扭矩下传递转速的装置，框图共有两个入口，一个出口。输入端口 1 输入设定的转速，经 Gain2 计算出旋转角频率。输入端口 2 输入传递的力矩，计算传动杆外圆的剪切应力。Constant 存放传动轴长度和直径参数，通过 Gain3 与 Math Function2 计算固有频率，Product2 计算工作频率与固有频率之比，借以判断共振程度。

工作频率与固有频率之比如果比值接近 1，说明频率接近，易于发生共振[7]。故将此比值系数 3 倍加 1，乘以实际传动扭矩的扭转应力，得到放大的应力值。如果传动轴已经达到一定载荷，就容易因为共振使应力超过许用值。

仿真程序中以 $\left(1 + 3\dfrac{\omega}{\omega_n}\right)$ 为共振修正系数，对承担一定剪应变的传动轴应力放大。当 $\omega_n = \omega$ 时有放大系数 3，相当于共振时剪应力达到静负荷时的两倍。在传递大的力矩作用时，工作力矩与振荡力矩叠加在一块，判断是否超过材料极限造成破坏。

具体算法是将输入力矩计算的传递轴上的剪切应力，乘以共振放大系数，再被给定许用剪切力 600MPa 相减，得到剪切富裕量，这一富裕量分成三个判断条件，一个是剪切应力超过传递轴材料许用应力，轴输出转速发生强烈速度颤动（进入 Enable Subsystem1）；一个是应力达到接近传递轴材料许用应力（富裕 8 ~ 45MPa），轴输出转速发生一定振动（进入 Enable Subsystem）；还有既无共振，又不超负荷的正常状态（富裕 45MPa 以上），轴输出仅少量初始小幅振荡（进入 Enable Subsystem2）。

发生共振时，如果传动轴承担不是很多的载荷，剪切应力值很低，即便放大，剪切应力值没有多少，传动轴也是安全的。上述算式表示，当比值越接近 1，系数接近翻一倍，故传递载荷应力只要达到许用应力的一半，总应力就达到破坏的程度。

富裕的应力一方面被转轴许用应力（600MPa）相除，在开 4 次方后作为输出控制传到开关选择端。三选一单刀开关在选择控制端以整数控制，数值 1.0 ~ 2.0 为开关 1 输出，2.0 ~ 3.0 为开关 2 输出，超过 3.0 表示轴断裂，停止计算。另外，进入输出模块选择，其中 Subsystem2 的二阶函数为 1/[Tr^2 2 * r * Tr 1]，图中临近屈服 Subsystem 的二阶函数为 1/[Tr^2 r * Tr 1]，图中超出屈服 Subsystem1 模块的二阶函数为 1/[Tr^2 2 * 0.005 * Tr 1]，其中阻尼分别为 r、r/2、0.005，振荡越来越强烈。

实际轧机传动系统中，电机输出轴通过固定联轴器与减速机或齿轮座连接，经常出现间隙，故上述计算模型仍然存在偏差，有待以后进一步研究改进。

齿轮座输出的万向接轴也是这样，其间隙要比大联轴器多得多，而且传递力矩时带有一定角度，计算更复杂，有待今后加深认识，建立模型再模块化放到仿真系统之中。

从电气传动自动化系统的角度出发，要避免电气系统的频率和机械固有频率相同，以解决轧机传动机电共振问题。如滤波滞后是抑制轧机机电系统共振的最简单方法。在原有控制系统的正向通道中加一个惯性滤波环节[8]，从而使控制系统特征频率偏离机电对象的固有频率，消除共振现象。该方法简单易行，但会影响系统的动态响应特性。沿着滤波滞后的思路，改善其特性，希望只避开机械共振频率而对系统响应特性没有影响，由此产生了陷波滤波的方案。构造一个陷波滤波器，将其安放在系统通道中。让陷波滤波频率等于机电固有频率，使共振频率增益减少以消除振荡，同时由于陷波滤波器对其他频率不呈现滞后作用，不影响系统动态响应。但这一方法仅对某一固定频率的消除有效，对多个频率以及变化的频率，尤其是对负载引起的机电振荡均无能为力。更有效的方法是在轧制扰动负荷观测控制系统中设法主动地去干预轧机传动系统的扭振频率。

参 考 文 献

[1] 施东成. 轧钢机械理论与结构设计（上册）［M］. 北京：冶金工业出版社，1993.
[2] 邹家祥，徐乐江. 冷连轧机系统振动控制［M］. 北京：冶金工业出版社，1998.
[3] 李崇坚，段巍. 轧机传动交流电机振动控制［M］. 北京：冶金工业出版社，2003.
[4] Timoshenko S, Youg D H, Wearver W J. Vibration problems in engineering［M］. Fourth Edition. John Wiley & Sonslnc，1974.
[5] Leonard Meirovitch. Elements of Vibration Analysis［M］. Mcgraw-Hill Book Company，1975.
[6] Thomson WT. Theory of Vibration With Applications［M］. Second Edition. Prentice-Hall Inc. Englewood Cliffs，1981.
[7] 李聪玲. 轧机扭振优化软件包的开发［C］//2003 中国钢铁年会论文集（第四卷）. 北京：冶金工业出版社，2003：287～289.
[8] Shenbai Zheng, et al, Drive Spindle Simulation for Continuous Rolling［J］. AMM，2011，84～85：524～528.

13 | 模块化连轧仿真应用

13.1 单机架多种 AGC 仿真

实际轧机因各厂设备不同、维护不同，无法比较轧制算法优劣或控制系统好坏。数字仿真可以在相同原料、相同工艺下进行优化比较。

图 13-1 为不用任何测厚仪液压厚度反馈控制的模块化单机架轧制框图[1]。

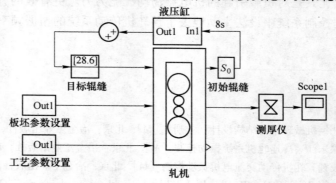

图 13-1 单机架液压无 AGC 结构图

在图 13-1 单机架的轧机模块图中，放置两个轧制力计算模块，一个固定来料厚度和出口厚度，使用理论接触弧长，计算固定轧制力，辊缝则按照固定轧制力来设定。另一个随机来料厚度，使用压扁弧长。抗力按照温度、固定变形量、变形速度等加以计算。故弹跳值是变化的。

单机架可以进行 AGC 仿真、电机负荷率仿真、传动轴临界振动仿真、轴承座框量对精度影响仿真等。

13.1.1 单机架轧机几种 AGC 比较

把图 13-1 无厚度控制轧制与轧机参数完全一样的图 8-2 监控 AGC、图 8-4GM-AGC、图 8-6 动态设定 AGC，放在一块加以比较（见图 13-2）。

为能统一输入计算参数，AGC 仿真平台设置两层，图 13-2 为第二层，轧件参数和工艺参数统一由上层配送，一并进入下层各架轧机。理想来料厚度 $H = 40mm$ 及出口目标厚度 $h = 30mm$ 由上层工艺参数方块设置框统一输入，用来计算理想轧制力和设置辊缝。实际来料厚度 $H = 40mm$ 及其变动，由板坯参数设置方

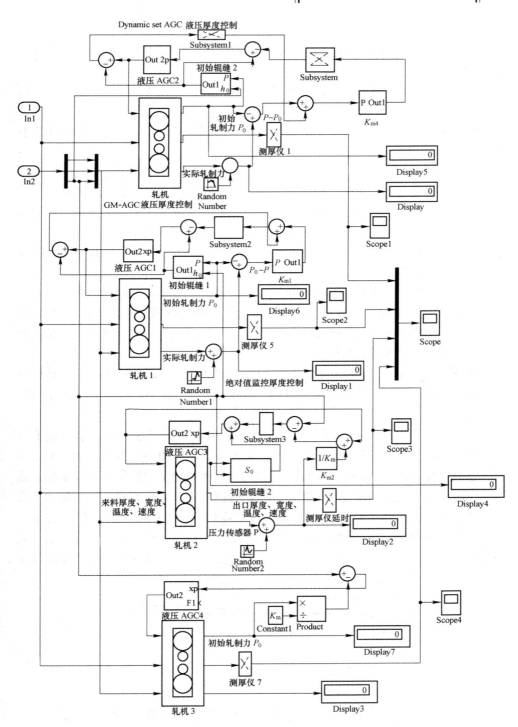

图 13-2　四种不同厚度控制方式的轧制效果比较

块输入。这就等效于实际轧机轧制，先设辊缝，但来料有所波动的实际情况。

下层为几种 AGC 比较平台，共有无厚度控制、监控 AGC、GM- AGC 和 Dynamic- AGC 四种[2]。

其中，无厚度控制的轧制是一种开放轧制，设定的辊缝送到液压缸，传递到轧机，即为固定辊缝，轧制时不变。过钢轧制时，来料厚度、宽度、速度和抗力的任何变化，一定造成轧制力变化，从而引起弹跳变化，也就造成出口厚度变化。

监控 AGC 是由设定轧制力和出口厚度合成辊缝，再由即时轧制力与轧机刚度及实测辊缝合成轧件厚度。相当于测厚仪检测的轧机出口厚度，经过延迟（出口距离）与设定出口厚度相比较，得到厚度偏差，再进行压下效率计算，得到辊缝调整量，与原始辊缝叠加出实际辊缝，发送到液压环节进行液压缸惯性计算，完成测厚仪闭环出口厚度控制。延迟时间在图 13-2 的每架轧机的出口"测厚仪延迟"模块内计算。

GM- AGC 是用预报辊缝偏差和预报轧制力偏差合成厚度偏差，再修正压下。

D- AGC 是用辊缝偏差和轧制力偏差合成的厚度偏差反算修正偏差时的轧制力增量，并把这一增量加到辊缝修正量中，较好消除修正辊缝带来的新弹跳增量，进而更快使厚度符合目标要求。

在图 13-2 中输入几种不同厚度波动信号，如温度递减、厚度正弦波动以及厚度阶跃增加，得到它们的厚度输出对比曲线，由此判断不同控制算法的出口厚度变化。

（1）输入温度递减的原料。轧件轧制过程的温度总是在递减，引起抗力逐渐上升。为仿真这一过程，工艺输入端的温度端子，增加一个斜坡函数，使来料温度延纵向按 $-2℃/s$ 递减，图 13-3 为抗力递增弹跳增加的轧机出口厚度仿真曲线。由图可见，轧机无厚度自动控制的固定辊缝方式对来料温度下降、抗力上升没有纠偏能力，曲线 4 随着温度下降出口厚度增加，涨幅很大。有厚度计增量 AGC 和绝对值 AGC 控制时效果好的多，出口厚度上升幅度不大，但也有增高发散趋势。唯有动态设定 AGC 与目标值一直接近，没有发散增厚趋势。这归功于

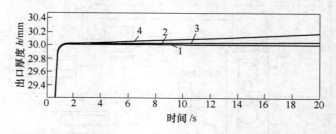

图 13-3　输入温度递减的四种厚度控制系统仿真输出曲线
1—动态设定 AGC；2—绝对值 AGC；3—压力厚度计 AGC；4—无厚度控制

提前计算辊缝变动量引起的弹跳增量的预报算法。

（2）输入厚度阶梯突变的原料。图 13-4 为各种 AGC 控制方式对输入厚度阶跃（厚度突然增加）的四种响应结果。在原料厚度输入端，增加 8s 时厚度增加变量。由图 13-4 可以看出，面对突加厚度，不用 AGC 的固定辊缝明显不能应对来料厚度的增加，当原料增厚，出口厚度总是增加。GM- AGC 和 Absolute- AGC 基本相同，它们在厚度突然升高的干扰到来后，有厚度凸起冲击，冲击过后出口厚度下降，但已经改变，不能回到原来厚度上。只有 Dynamic Set- AGC 效果较好，来料阶跃增加以后，辊缝虽然也有凸起上升，但过后出口厚度仍然控制在预定厚度上，这说明动态设定方式具有极好的控制能力。

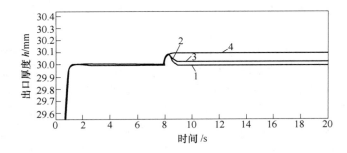

图 13-4　输入厚度阶跃的四种厚度控制系统仿真输出曲线
1—动态设定 AGC；2—绝对值 AGC；3—压力厚度计 AGC；4—无厚度控制

（3）输入厚度正弦变化的原料。图 13-5 中为原料厚度有 1mm 正弦波动的出口厚度曲线，由图可见无厚度控制的曲线 4 正弦振动很大，而厚度计 AGC 和绝对值 AGC 控制完全一致，动态设定 AGC 控制的厚度输出波动幅度也没有大的区别，只是相位稍有提前。

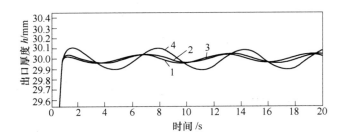

图 13-5　输入厚度正弦波动的四种厚度控制系统仿真输出曲线
1—动态设定 AGC；2—绝对值 AGC；3—压力厚度计 AGC；4—无厚度控制

可以看出它们在设备及参数方面一样，仅仅算法不同，轧出厚度情况也不同，说明不同算法抗干扰能力不同。

（4）原料厚度不同的 AGC 原理的探讨。从反馈控制原理上看，在图 13-3 ~ 图 13-5 的 AGC 系统中，初始预报轧制力和轧机刚度决定初始辊缝，一旦轧制力预报模型不准或轧机刚度选取有偏差，实际出口厚度就不会保持在目标厚度上，相当于仿真中初始轧制力与压力传感器预报轧制力用不同的数学模型。故测厚计算法对初始预报轧制力和轧机刚度的精度有极高的要求。

图 13-2 的 GM-AGC 方式中，液压缸输出辊缝与设定辊缝相减的偏差量直接反馈到压下效率计算之前，与压力偏差换算的厚度偏差量相合并，这是一种考虑调整辊缝带来的压力变化而使辊缝补偿的方式。但这时，在来料厚度出现偏差时，因为初始轧制力的不准确，压力传感器输出的实测轧制力与初始轧制力的偏差不能及时充分调整辊缝，导致在来料干扰作用下，最终不能完全把出口厚度控制到目标值上。

Absolute-AGC 系统使用液压缸输出厚度直接反馈，但与 GM-AGC 类似，辊缝调整量引起的新增轧制力得不到补偿，因而对来料波动干扰抵抗能力有限。

图 13-2 的动态设定厚度控制设定系统是将辊缝调节增量转换出对应的轧制力增量，因而在辊缝计算之前叠加到实测轧制力偏差中，与轧制力偏差共同计算辊缝偏差量，这相当于反馈回一个轧制力变动的影响数值，再决定辊缝调整量。这样在来料参数变动的干扰下，任何辊缝的调整都叠加轧制力变动的影响，故在原料尺寸变动时，也能恰当调整辊缝，保持出口厚度不变。

13.1.2　单机座板型控制仿真

按照第 9 章比例凸度计算和式（9-2）过钢凸度合成计算方法，每道次过钢依照比例凸度和凸度影响条件，可以计算各道轧件轧后的凸度。图 9-5 内部板型弯辊力计算算法见图 13-6。

由图 13-6 可见，弯辊力模块考虑多项影响参数，计算出符合比列凸度的弯辊力和最终轧件过钢凸度。

13.1.3　多架单机座同步运行

轧制总是多道次进行，每道次压下量都不同，需要不断修改参数，较为麻烦。可以把多个单机架分别设置辊缝和输入输出目标厚度，同时运行，各自得到各自的结果，如图 13-7 所示。

图 13-7 中，共有五架轧机。每架轧机有独立的轧件参数输入和工艺参数输入，可以根据设定厚度和设定出口厚度计算的轧制力确定原始辊缝，再输入实际厚度，与目标厚度共同计算新的轧制力，有条件可以用新出口厚度重新计算轧制力，直到出口厚度没有多少改变为止。

每架轧机都有出口厚度和凸度数值显示，还有轧制力曲线记录。

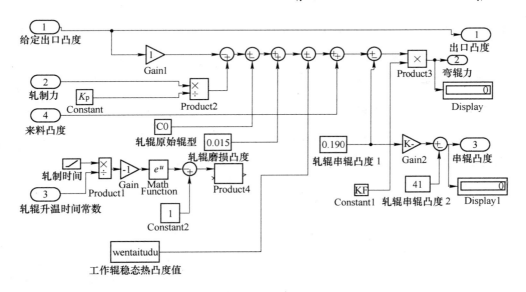

图 13-6　板型凸度弯辊力合成算法

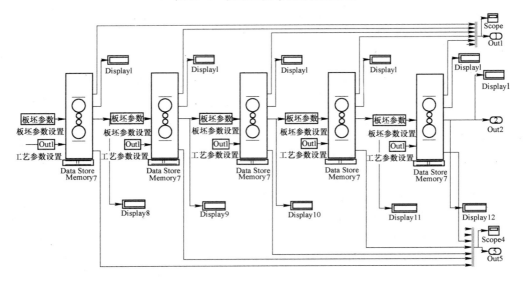

图 13-7　多架中厚板轧机同时轧制

每架轧机内部有凸度平衡计算，当给凸度合成公式每项参数赋值（轧制力横向刚度、弯辊力横向刚度、轧辊原始凸度等），可以计算各道出口凸度或弯辊力大小。

还可以利用连轧仿真图，实现多架单机架轧制。方法是将连轧仿真图中，内部张力反馈去掉，每道压下和转速独立设置，还设置延迟时间。这样，让轧件厚度凸度等数据自动传到下一道次，但没有张力和速度影响，等效中厚板轧机的可逆轧制。轧件厚度与凸度数值产生遗传，一道传一道，最后还可得到残余应力。

13.2 多机架带张力连续轧制仿真

13.2.1 连轧工艺仿真要点

多机架连轧相比单机架，要考虑张力的自平衡作用。轧制力、前滑、张力、温度是四大工艺过程参数。连轧仿真系统模块图全部显示在一块屏幕上，见图13-8。

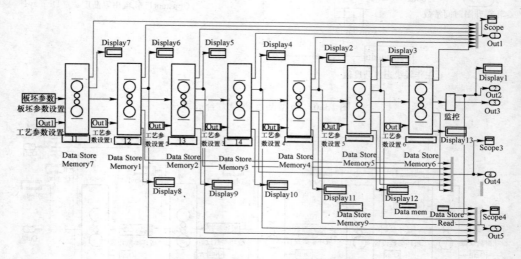

图 13-8　连轧液压 AGC 结构化图形

图 13-8 中，轧制力、张力和出口厚度有曲线记录，一至七架有出口厚度显示，二至七架有活套支撑器高度显示，便于随时了解轧制运行情况。

由于是代数计算，运算时间较短。采用四核微机，七机架完成咬入和张力起套平衡，同时各架投入 GM-AGC，完成一次仿真约 30s，改变参数进行调试非常方便。

连轧模块仿真系统设置的专有运算处理有：

（1）道次压下量分配计算。自动分配压下量的计算方法用来作为分配参考。一般是保持前几道延伸压下大，后两道为控制板型和表面光洁度，延伸都较小的分配方式[3]。某现场 20mm 中间坯轧制 1.5mm 成品的已知各道压下和压下率计算见表 13-1 中第一、二行，其延伸对数见于表 13-1 中第三行。因为总延伸是 13.333，取对数后得到 2.59，各道对数延伸占总延伸对数之比见表 13-1 之中第四行。

表 13-1 各道延伸及转速计算百分比结果

名　称	F_1	F_2	F_3	F_4	F_5	F_6	F_7
各架出口厚度/mm	13	8	5	3.4	2.49	1.9	1.5
压下系数 η	1.538	1.625	1.6	1.47	1.365	1.32	1.26
压下系数对数	0.4305	0.4855	0.47	0.3853	0.3111	0.2776	0.2311
压下对数占总延伸对数比例	0.1662	0.1874	0.1814	0.1487	0.12	0.1072	0.0892
各道轧件出口线速度/m·s^{-1}	1.553	2.52	4.04	5.938	8.1	10.7	13.5

同时计算的还有各道轧辊转速，轧机之间的线速度考虑拉钢系数。自动延伸分配和转速分配模块图见图 13-9。

图 13-9 中，来料总延伸经过处理，计算出各道延伸，再将它们送入 GOTO-FROM 定向区，后面各架在入口的工艺参数设置模块设置 FROM 指向标，确定对应字母，就可读出设定的入口厚度、出口厚度和转速。

利用自动分配压下系数功能，改变入口厚度和出口目标厚度，可以按照某种规律，立即得到各道压下，并传递到各架工艺参数入口。对于待调试的压下规程，不需要自动传递。可以将自动分配的压下量手动送到各轧机前的工艺参数方框里，运行后，加以修正。也可压下量自动传递，转速手动发送，调节转速，使张力保持到 4MPa 左右。

（2）双轧制力设定计算。连轧机模块化仿真的每架轧机内安放两个轧制力计算模块，一个是采用设计的入口厚度和出口厚度，固定计算轧制力，用来设定辊缝。一个是采用来料厚度和设定出口厚度计算轧制力，再与刚刚计算的辊缝合成轧件出口厚度。如果来料厚度与工艺设定原料厚度一致，各道出口厚度都应符合理想出口厚度。来料厚度不同于工艺要求厚度，出口厚度也就不会与理想出口厚度一致，这时需要计算新的轧制力和出口厚度，反复迭代，使轧制力计算所用的出口厚度与该轧制力合成出口厚度正好相等，才能结束自平衡轧制力计算。这与实际轧制情况完全一致。计算方法见图 13-10。

图 13-10 中，粗实线表示新出口厚度的合成计算。开始使用设定出口厚度 28.34mm 来计算轧制力 P，之后用刚刚计算的轧制力 P 合成新出口厚度重新计算轧制力，这样出口厚度与轧制力就完全对应起来。这一算法依靠的是初始信号先行使用，然后使用外来信号的专用功能模块 IC1。由于先期数据是固定常数，所以改变压下规程时，每架的这个先期数据需要人工输入赋值。也可以设置较小，只要能进入计算，迭代会得到同样的结果，不会发散。因为轧制力计算得小了，厚度合成就小，计算的轧制力就大，再合成厚度就大。反之，轧制力计算大了，合成厚度过大，压下变小，轧制力计算也小。这样，轧制力和出口厚度会自动达到平衡。

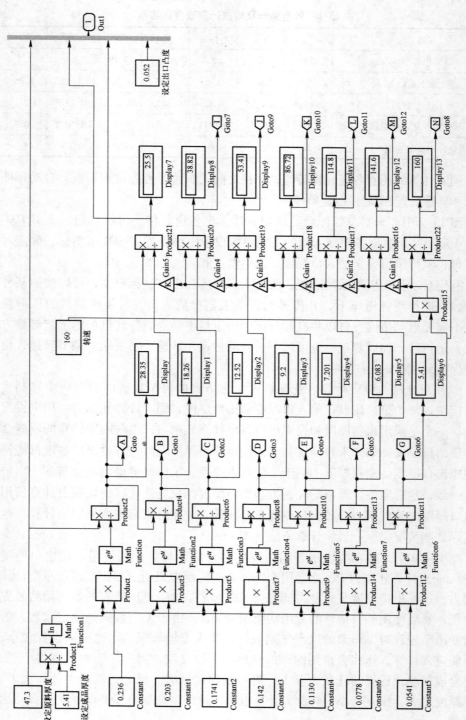

图 13-9 压下和速度自动分配模块

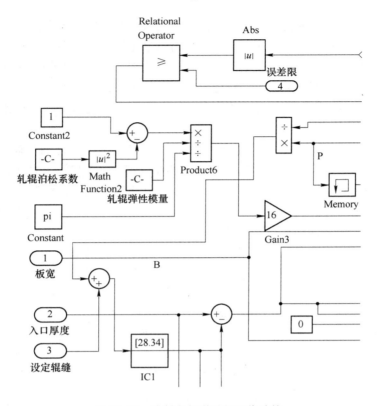

图 13-10 轧制力与弹跳的迭代计算

轧制力计算采用 Sims 公式，分别计算热轧抗力、轧件宽度、变形区长度、应力状态影响系数和张力影响系数。固定计算轧制力时，除头尾两架以外，每架轧机前后设定为常用的 4MPa 张力。图 3-27 的轧机第二层仿真图中 Subsysytem 模块就是固定来料厚度计算轧制力模块的，Enabled Subsystem 模块是随机来料厚度下轧制力计算模块。温度和速度按轧制条件给定。

（3）抗力计算。材料抗力计算至关重要。热轧时，常以基准抗力为根本，在考虑温度、变形速度、变形程度，如周纪华六因子公式，全面考虑这些因素。修改抗力时，注意两个模块抗力模型需要同样修改。

（4）连轧张力。连轧轧件速度差决定张力，张力反过来影响前后轧制变形区应力状态和轧件出口速度，所以需要把后架计算好的张力送到前架，以便前架重新计算轧制力和出入口速度。这一过程自然造成轧制过程计算的反复进行，直到达到动态再平衡。

张力向前架传递的过程在连轧仿真里是利用空间堆栈完成的，如图 3-27 中 r2 是写入模块，它把利用前后速度差计算的张力数值送到放在第 1 层面上的 r2 堆栈区，再用前架里的 r2 读出模块把数据读出。图 3-27 中 r3 堆栈模块是读出模块，它把后面一架返回传来的张力读出来，加入本架的轧件抗力计算。抗力变化又影响弹跳和出口速度，影响后架张力，所以这是张力的动态自平衡计算。

另外，张力作用不仅是在本架，同时也影响邻近各架，即张力变动影响到上游和下游各架之间张力大小，这就是级联调节。张力来自速度差，又影响轧件速度，使前后速度一致。建立张力瞬间影响前面各架张力逐渐升高的现象在连轧仿真的张力曲线图上可以看到。

（5）各道降温计算。轧件温降分两部分考虑：一是轧件与轧辊接触传导；二是轧机之间辊道运输的辐射温降和空气对流温降。前者在轧制力计算模块内进行计算，有传导温降和轧制温升。后者放置在轧机第3层入口沙漏方框内，在轧制力计算之前，计算轧件温度，它们都与作用时间密切相连。前面图3-16就是轧机间温降模块在计算轧件停留时间之后，按照断面大小计算温降。

现场实测出口温降是轧件刚刚从轧辊轧出之后，所以从第二道开始，仿真系统先计算辊道温降，再进入轧制力计算，之后再计算轧辊接触温降。

（6）头尾舌头现象。轧件端部除第一道次为线性接触，其余为不同程度弧形接触，故轧件头部轧制力开始很小，逐渐升高，厚度也就由薄到厚，逐渐稳定。仿真时对输出的轧制力增加一阶惯性传递函数，使轧制力上升略有缓冲。另外，轧辊咬入总有接触弧长由小变大的过程，轧制力不会完全是直角阶跃变化。在轧制力输出前用一阶惯性环节修改轧制力的前沿，轧件厚度因为是弹跳方程合成，厚度前沿也就变圆坡，等效轧件舌头，宽度厚度都逐渐增加，轧制力也就逐渐增加。

（7）活套支撑器。活套支撑器模块是在图10-5的主轧机的下一层。它在后架咬入时启动，追赶拱起的轧件，接触后顶住轧件建立张力；再由活套支撑器角度控制后架转速，使速度差维持拉钢，保证轧机之间建立低张力。调节转速，会有活套高度的变化结果。张力小活套支撑器高些，张力大，支撑器高度压得很低。

（8）辊道停留延迟时间计算。轧机之间总有一段距离，一般为5.5m。通过时间与轧件运行速度有关。轧件速度慢，如头几架，轧件通过时间就长。轧件速度快，通过时间就短。轧件延迟模块放在轧机第3层入口沙漏复合数据排以内，人工将计算的延迟时间放入各延迟模块中。延迟时间因出口速度不同，需要单独计算，这一时间长短，对轧制力综合曲线的各线起始间隔起作用。轧件速度不需要延迟，因为速度变量是立即传到下一架中，计算速度差来决定张力大小的。

（9）轧制结束处理。轧制结束时，轧制力会突然消失，引起张力作用突然归零。为仿真这一过程，在轧制力输出曲线的入口，各曲线输出分别乘以阶跃函数，初时为1，定时为0，这样，延迟时间到，轧制力记录曲线就会变零。同时张力模块输出也设置同样置零时间，保证轧制力消失后，张力为零。

（10）输出显示。图 10-5 中，每架轧机的轧制力、张力、出口厚度分别汇聚一起加以显示，厚度、活套高则用数字窗口分别加以即时显示。连续曲线显示占内存很大，如果内存不足，Simulink 会自动放弃记录曲线的前部，只显示曲线的后面部分。

（11）电机转速高低判定轧机启动。仿真计算轧制力曲线从第二道起出现缓坡，越往后越严重，造成仿真计算的轧制力与实际咬入只有较小初始缓坡过程相差甚远。为此对咬入启动时实际转速和预设转速之差作为判定轧机启动条件，速差小到一定程度再启动轧机框输出，使轧制力输出上升沿变得陡峭。

13.2.2 连轧仿真运行

对连轧仿真系统输入必要的工艺参数，就可以进行仿真轧制（设备参数使用缺省数值，以后慢慢修改）。轧件参数方框里输入来料厚度。工艺参数方框中输入理想来料厚度（大多数就是来料厚度）和出口目标厚度，还有出口转速，启动仿真就马上得到压下分配结果和转速分配结果（自动完成）。所有分配结果可以是即时数字显示，也可立即送达各架工艺输入端口。在各端口设置常数加减器，如果需要调整某道次压下量或转速，可以调节常数大小，最终要调至出口接近目标厚度，张力基本在 5MPa 左右才好。

点击记录曲线窗口，就能看见绘制的轧制力、张力和轧件厚度的连续曲线。图 13-11 显示的是各架轧制力变化曲线。

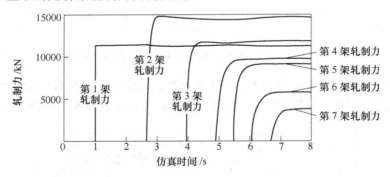

图 13-11　7 机架轧制力曲线

由图 13-11 可见，轧制力分配意图很清楚，第一道咬入量适中，保证咬入稳定，轧制力不是最大，容易咬正。第二道轧件温度高，压下最大，以后逐渐减少，成品前两道较小。每道次咬入后，两架之间建立起张力，前架轧制力略有下降，体现张力的影响。

图 13-12 显示的是各架出口厚度变化。第一道在建立张力后，厚度减少

0.24mm，占 0.1%。

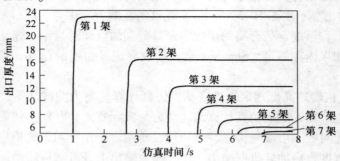

图 13-12　7 机架出口厚度曲线

　　图 13-13 显示的是各架出口具有 1% 速度差时，连轧咬入瞬间的上冲张力。它表明建张瞬间存在最大速度差，因而张力上升，然后前后滑变化和电机转速变化先后起到缓冲作用，形成先高后低的张力曲线形状。在平衡时，轧件张力下降到某一恒定值上。

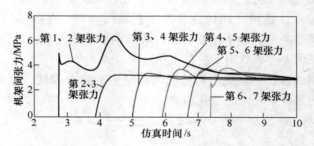

图 13-13　无活套支撑器咬入冲击张力的仿真曲线

　　如果各架出入口速度差较大，张力平衡后，张力会通过轧件向上游传递，使上游张力逐渐增加，见图 13-14。拉拽一段时间后，张力曲线才变得平稳。

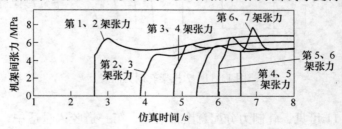

图 13-14　微张力下连轧各机架张力的仿真曲线

　　进入轧制仿真后，也可在 Simulink 窗口下直接设计动画，所以另外打开动画窗口，显示红钢和活套高度，见图 13-15。

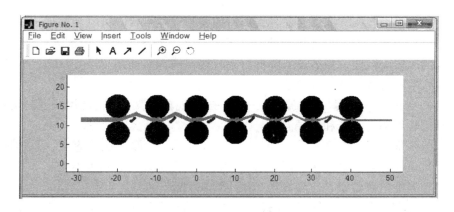

图 13-15 连轧活套动画图

综上所述，图形模块编程连轧仿真交互性强，操作简单。另外，由于功能层次清楚，编程解读容易，而且无须数据库堆栈设置，曲线就会自动保留，继承开发性非常优秀。各架轧机参数表格独立，十分便于用户本地化后使用。

13.2.3 连轧过程仿真验证

连轧现场数据可以检验仿真系统的有效性，也是不同现场使用模块仿真系统进行工艺研究的前期准备。仿真运算前，不但要输入各架设备材料参数、尺寸参数、电机参数，还有轧件参数和工艺参数、时间参数等，另外，还需要某些设备的磨损间隙以及高负荷下的部件变形，如轧辊压扁、轧辊挠曲、传动轴弹性扭转等多项参数。

采用某 2050 传统热连轧数据和某 1810 薄板坯连铸连轧数据进行验证。轧制仿真前，需要工艺参数与设备结构及设备状态基本一致。

（1）设备及热能参数输入。每架轧机有六处设备及热能参数输入。第一处是主界面轧机框参数表，把鼠标光标放在轧机框上，点击左键直接弹出，表格内包括轧机支撑辊辊径、工作辊辊径、辊身长、轧辊弹性模量、轧辊泊松比等。第二处是第二层的中间温降计算模块，用沙漏图标表示，点击左键弹出比热容、辐射系数等辐射温度计算所用常数。第三处是第四层轧机之后传导降温计算的传热系数等热工常数表。第四处是电机工作参数，在第二层，包括电机电气常数、机电常数、开关常数，鼠标光标落在电机框，点击左键弹出。第五处是轧机传动图标，鼠标光标落在减速器方框，右击会使传动轴数据表弹出，表中就是合并的传动轴结构参数。第六处是弯辊装置常数，包括弯辊挠度系数等。

（2）输入轧件参数。为与现场数据一致，把轧件参数如厚度、宽度、凸度、轧件温度等改为已知现场数据，即压下规程一致。

（3）出口速度修正计算。热轧变形速度对轧件抗力有影响，为与现场数据一致，需要修正各架转速，保证各架出口速度与现场一致。可以由现场出口速度数据和辊径数据计算各道轧辊转速，在各架工艺参数输入模块中加入。运行后，由张力情况修改转速，张力过大降低后架转速，或提高前架速度，反之，张力过小增加后架转速或降低前架转速。

（4）各道出口温度与现场对应一致。按照现场各架轧机间检测轧得到的温度，修正轧件辐射温降和传导温降。

一般两部分各下降 3～5℃。前几道轧速慢，轧件厚，比热容大，总体降温少。后几道轧件薄，散热快，但变形速度快，有升温，故温降也不大。

开轧温度单独设定，比现场第一架出口实测高出 5℃。

（5）选择钢种和抗力计算公式。按钢种，选择管克智、周纪华六因子系数和基准抗力，再按照预报轧制力与现场实测轧制力，修正基准抗力。

（6）张力计算。对连轧仿真，必须考虑张力对抗力的影响，因而张力要反馈到前架，实现张力作用下的速度平衡，实际是一种特殊的闭环。其计算方法是前架轧件自然出口速度由轧件参数直接送到后架，后架由工艺参数方块设定的转数计算轧辊线速度和轧件线速度，再由轧件前后速度差计算张力，张力再送到前架和本架，前后两架都重新计算轧制力和出口速度，反复计算直到平衡。张力利用 MATLAB 空间堆栈功能，反馈到前架，作为入口参数参与计算，使前架所有变形计算发生连轧特有的自平衡现象，直到前后各架满足运动力学平衡关系。

运行后调节各架转速，使张力与现场数据一致。

（7）活套支撑器。由七个单机架组合起来的仿真系统共有六套活套支撑器，活套支撑器动作模型分几个阶段，支撑器的自由起套、建张与带钢摆动支撑是通过轧件速度差的正负积分结果来判断活套自由隆起与支撑器状态，由此计算活套高度和带材张力。调节活套支撑器工作力矩和惯性或改变电机功率，可以改变前后滑变化和建张瞬间的上冲。

图 13-16 为检验工作步骤框图[4]。

图 13-16 中，首先选择已有设备接近现场的仿真程序，调入桌面加以运行，保证程序本身通畅。第 3 步输入现场各架设备参数，包括轧辊辊径、电机参数等设备参数。第 4 步输入工艺参数，包括各道来料厚度（可以自动分配）、各道轧机转速以及出口速度。按总温降平均分配各道温降，调节每道辊道辐射温降和轧辊接触温降。第 5 步输入抗力模型系数和基准抗力。第 6 步使用分配的各道入口厚度和设定的出口厚度计算理论轧制力和轧辊辊缝。将计算的应力状态系数 Q_p 与手册数据对比，保证 Q_p 计算正确。再用预报轧制力与现场轧制力加以对比，通过修正基准抗力，保证预报轧制力与现场实际数据相接近。第 7 步使用来料厚度和设定的出口厚度计算过钢轧制力，与刚刚计算的辊缝合成新出口厚度。显

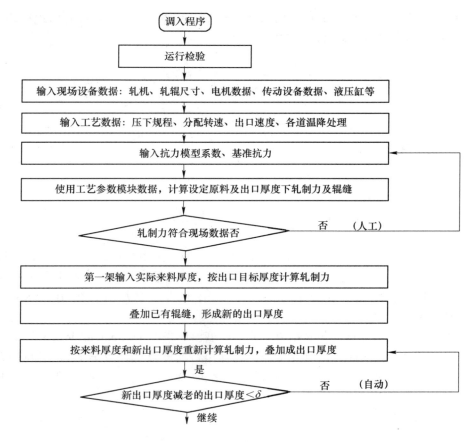

图 13-16 现场数据验证步骤

然，轧制力用理论出口厚度计算不是最合理的，实际出口厚度大，轧制力应当变小。故第 9 步用来料厚度和计算出口新厚度，重新计算轧制力。再合成出口厚度与前次厚度加以比较，直到两者小于某一设定误差限度。

轧件厚度与轧制力形成动态平衡计算，反复迭代。因为实际出口厚度与轧制力相互联系。这样，计算的轧制力和出口厚度才接近实际。

当各道轧制力与出口厚度都接近现场数据，整个仿真准备才算结束，可以改变参数，分析连轧仿真研究。

13.2.4 连轧仿真过程的实际应用

经过验证的仿真软件可以变动参数，分析仿真结果。如可以变动压下规程或速度，或抗力，或温度进行仿真。分析负荷分配变化、张力变化、轧制力变化等现象。

（1）增加入口厚度的仿真结果。原料厚度由原来的 47.3mm 增加到 57.3mm，第 1 架入口厚度增加会引起轧件出口速度增加，故第 1、2 架间张力出现变晚，幅值减少，后续没有拉拽升高，见图 13-17。

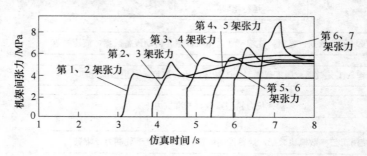

图 13-17　增加入口厚度的张力仿真结果

第 2 道以后张力趋向正常，因为后面张力不断向上游传递，因而各道张力逐渐增加，以后变平缓。各道出口厚度增加，以第一道最为显著，由原来 28.34mm 升到 28.88mm。轧制力也是各道增加，但第 1 道显著增加，由 16780kN 升到 22360kN。

（2）减少入口厚度的仿真结果。原料厚度由原来的 47.3mm 减少到 37.3mm，入口厚度减少引起轧件入口速度增加，轧件出口速度降低，故第 1、2 架间张力出现变早，幅值增加，后面轧机建张后，第 1、2 架张力继续拉拽升高，见图 13-18。

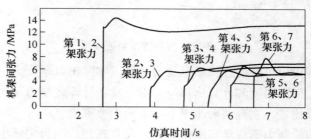

图 13-18　减少入口厚度的张力仿真结果

减少原料入口厚度，也就减少以后各架轧制力，继而减少弹跳，轧件出口厚度减少。

（3）中间轧机增加转速的仿真结果。将第 4 架轧机转速由原来 86.8r/min，增到 87.8r/min。入口和出口速度都增加，运行结束，张力曲线见图 13-19。

第 4 架增加转速后，第 3、4 架间张力上升，第 4、5 架间张力下降，其余影响不显著。轧制力第 4 架显著下降，第 5 道上升。

（4）中间轧机增加压下的仿真结果。第 4 架增加压下，是将第 4 架设定出口

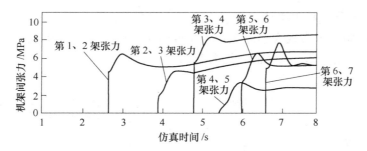

图 13-19 中间轧机增加转速的张力仿真结果

厚度减少，如 9.2mm 降到 8.2mm，来料厚度不变，轧制力加大，弹跳加大。运行结束，张力曲线见图 13-20。

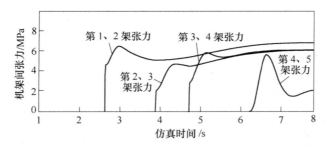

图 13-20 中间轧机增加压下的张力仿真结果

由图 13-20 可见，第 4 架压下量增大，因轧件入口速度下降，后张力微有下降。而出口速度上升，前张力明显滞后且下降。其余影响不显著。轧制力由 10970kN 上升到 12037kN，出口则厚度下降。

（5）中间轧机增加压下并提速的仿真结果。第 4 架综合步骤（3）、（4），增加压下并提速，运行结束，张力曲线见图 13-21。

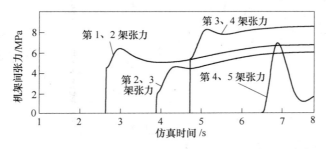

图 13-21 中间轧机增加压下并提速的张力仿真结果

由图 13-21 可见，提速使第 3、4 架张力上升明显，出口速度增加，使第 4、5 架张力下降更大。

（6）第 5 架轧机电机功率变小的仿真结果。第 5 架电机时间常数由 0.4 变为 0.5，代表决定机电常数大小的飞轮力矩或转子电阻加大，电机负荷增加或电机功率变小。对此仿真，张力曲线见图 13-22。

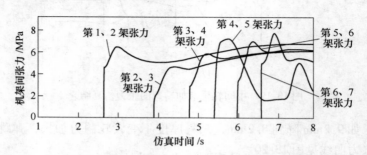

图 13-22　第 5 架电机机电常数增大后张力曲线

图 13-22 中，因第 5 架电机能力小，第 4、5 架间张力初始上升冲击后，第 5 架速度下降，张力也就立即下降。

13.3　多机架双路张力仿真

既然牌坊轧机是左右两边承担轧制力，严格讲仿真也应按照两侧来完成。为此，输入坯料参数改为两侧单独输入，一般轧件可能有厚度不同和中心不同，故需要增加一侧厚度大小和中心位置即可，见图 13-23。

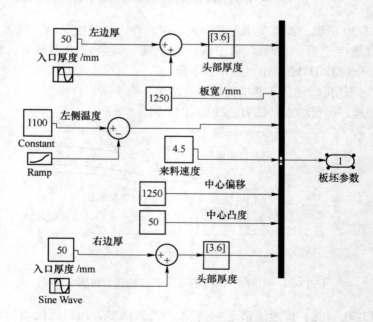

图 13-23　双路轧制轧件参数输入模块

　　轧机计算模块也分成两路，各自按设定的设备参数，计算轧制力，轧制力一半作用到液压缸压下系统。两边速度计算完毕进入跑偏计算模块，速度不同导致轧件出现镰刀弯，同时有张力差。此时分初始自由镰刀弯还是轧制中间侧弯。如果刚出轧机，则计算入下架轧机的偏移位置，如果是轧制中间轧件两侧速度不等，直接计算增加的张力。这时有两种情况：一是张力上升超过屈服而撕裂；二是将轧件拽回中心，减少跑偏。而且专门设置手动参数变动对话点，改变压下量，设置侧弯出现。仿真完全可以将侧弯现象体现出来。仿真计算模块见图13-24。

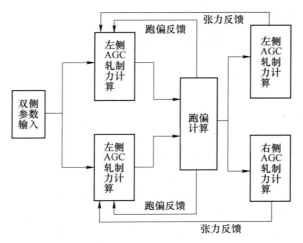

图 13-24　双路轧制仿真模块框图

　　双路计算时间增加 60%。入口参数设置厚度两侧有差异或者两侧出口速度有差异，仿真都有参数变动显示，两侧出口速度不同，会有镰刀弯指示。

　　具体算法是将轧件参数中速度一项提出来，代入式（11-9），得到跑偏半径，再按照时间计算跑偏量。如果有张力，可以计算纠偏，但后续轧机仍按两侧来料厚度不同继续计算。

　　如果限定跑偏界限，可以命令程序暂停。

参 考 文 献

[1] 王君，王国栋. 各种压力 AGC 模型的分析与评价 [J]. 轧钢，2001，18（5）：51～54.

[2] [日] 镰田正诚. 板带连续轧制 [M]. 李伏桃，陈岊，康永林，译. 北京：冶金工业出版社，1995.

[3] 孙一康. 带钢热连轧的模型与控制 [M]. 北京：冶金工业出版社，2002.

[4] 郑申白. 宽带钢热连轧机组系统仿真基础研究 [D]. 北京：北京科技大学，2006.

14 连轧仿真的动画交互式操作

动画具有生动形象直观等好处，连轧仿真计算结果如能在动画上及时显示，对学习人员是极大的便利。

14.1 使用 OPC 服务器的数据传递方法

现场人机界面系统（HMI）大多采用西门子 WinCC 平台来实施数据交互功能。它们之间采用 OPC（OLE for Process Control，现在也有称 Open Process Control）技术实现开放式数据交换[1]。OPC 技术通信稳定，传输速度快，适合于大批量、长时间的数据交换。常用的有利用 OPC 协议和 TCP/IP 协议，构成多线程双层结构的通信方式，实现过程及与 WinCC 监控画面的实时数据交互。

OPC/COM 技术包括服务器和客户端两个部分，规范总体是由服务器（Server）、组（Group）和数据标签（Item）3 类对象组成，相当于 3 个层次的接口。

OPC 体系是以客户/服务器模式运行，OPC 的宗旨是在 Microsoft 的 OLE（ActiveX）、CoM、DCoM 的基础上开发一个开放的交互操作标准接口。在工业控制设备与控制软件之间建立统一的数据存取规范，这个接口规范不但能够应用于单台计算机，而且可以支持网络联络的计算机之间通信，以及不同平台上应用程序之间的通信。只要符合 OPC 服务器的规范，客户端即可方便地与之进行数据交互。

Simulink 平台也可以作为客户与 WinCC 交互数据，利用 WinCC 实现 Simulink 计算数据的动画显示。

在新版本的 MATLAB 中添加了工具箱 OPC Toolbox，利用该工具箱可以方便地实现在 MATLAB 中获取外部实时数据。

使用 OPC 工具箱，不需要了解 OPC 服务器的内部配置和具体操作，就能连接任何一个 OPC 数据访问服务器，可以方便地对连接的 OPC 服务器数据进行读写，每个 OPC 数据访问服务器由唯一的 ID 号确定，每台主机的服务器 ID 号是唯一的，由服务器所在机器的主机名和 ID 号组成，使其在网络中能唯一地确定身份。建立连接后的 OPC 客户端和 OPC 服务器之间，借助于 MATLAB OPC Toolbox 可以实现 MATLAB 客户端与 OPC 服务器端之间的数据通信。

但是，WinCC 占用内存多，两个平台同时运行，影响 Simulink 运算速度。后台 Simulink 有大量计算任务时，大批数据交换被延迟。尤其 WinCC 安装使用较为复杂，给初学者带来困难。

14.2 MATLAB 交互式图形用户界面简介

窗口，光标，按钮，菜单，文本和其他对象组成的用户界面称为交互式图形用户界面。MATLAB 图形用户界面（Graphical User Interfaces）也称 GUI，不用安装新软件平台，仅仅使用工具箱里的一些专用工具[2]，运用简单，因此，这里选择这种图形用户界面。

MATLAB 软件里面带有 Windows 窗口形式的图形界面设计工具，图形用户界面的基本对象分为 3 种类型的控件：

（1）用户界面控件对象（Uicontrol）；

（2）下拉式菜单对象（Uimenu）；

（3）内容式菜单对象（Uicontextmenu）。

这三种控件中，用户界面控件对象可以创建按钮图形用户界面对象、列表框图形用户界面对象、编辑框图形用户界面对象等交互式界面；下拉式菜单对象可以创建下拉式菜单图形用户界面控件、子菜单图形用户界面控件等对象；内容式菜单对象可以创建 Uicontextmenu 交互式界面控件对象。用上面所说的控件，就已经能够方便地制作出拥有简单操作、功能强大的交互式用户界面。

交互式界面的制作步骤有以下几点：

（1）规划交互式用户界面：通过 MATLAB 给出的 GUI 图形窗口，根据设计好的交互式用户界面草图，安插草图中所涉及的控件、坐标轴。

（2）书写交互式用户界面程序：以 M 文件形式书写对象的执行程序，并将用到的菜单添加在交互式用户界面所需要的位置。

（3）菜单的回调函数（M 文件）。在 MATLAB 的 GUI 文件中，每个回调函数（callback）都可以视为一个独立执行的接口，也就说每个回调函数（callback）之间无法做沟通操作，因此变量传递会有问题。

（4）应用 setappdata \ getappdata 与 rmappdata 函数。使用上面三个函数处理数据的传送问题，与 UserData 的方式相类似，但是克服了 UserData 每个对象只能存取一个变量值的缺点，使一个对象能存取多个变量值。

（5）结合 handles 和 guidata 函数，其方式如下：

handles 变量名称 = 变量值　　　　　　　　% 取得数据

guidata（h，dhandles）　　　　　　　　% 存储数据

这种方法的缺点是在 handles 中添加的变量对象 Y，有时会挤掉 handles 另外一个对象。

（6）运用 save 和 load（importdata）传递参数。将某变量 x 的值先存到磁盘，用的时候再调用。格式如下：

```
save ('x. mat', 'x');                           % 储存 x 值到磁盘
load ('x. mat');                                % 从磁盘读取 x 的值
```

但这样只是把 x 读到了 MATLAB workspace，不会显示，需要查看这个变量名，然后才能用。也有使用 p = importdata ('x. mat') 读取磁盘的 x 值，p 是一个结构体，可以随意读取使用。由于这种方式涉及磁盘读写，运算速度会受到影响，一般在保存以及导入某个变量时使用。

MATLAB 提供的设计和修改图形界面的专业工作平台是 Layout Editor，它是启动 MATLAB 以后，直接键入 Guide 命令后进入。图 14-1 为图形用户工作平台的快速启动界面，包括建立新的图形用户界面（CreateNewGUI）与打开历史图形用户界面（Open Existing GUI）。

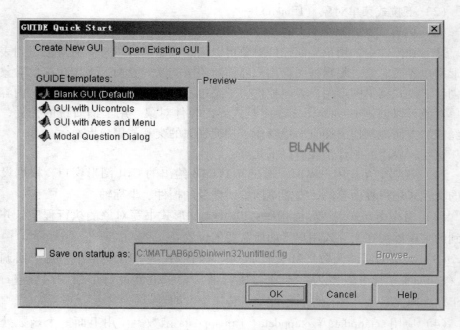

图 14-1   图形用户界面设计工具启动界面

前者包含 4 个功能区：
（1）菜单条；
（2）编辑工具条；
（3）对象模板区；
（4）工作设计区，在这个位置规划交互式用户界面。

双击编辑工具条第一条，进入界面编辑平台，见图 14-2。图中左边为图块工具，有滚动条、按钮、数据对话窗口，圆、方、线基本绘图工具，绘图窗口等，

可以按用户要求制作具体工程界面。

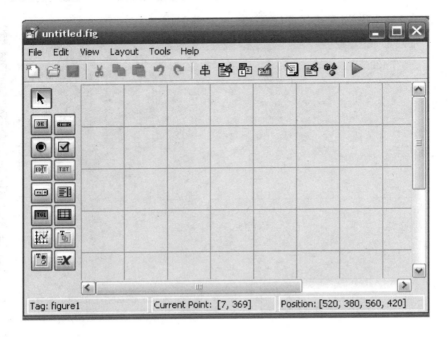

图 14-2 图形用户界面设计平台

14.3 建立连轧静态用户界面

根据设计需求，轧制用户界面需要满足以下功能：

（1）可以显示轧钢机轧辊的基本轮廓，轧制过程中轧机运动状态、轧件的位置和运动状态等；

（2）可以显示各道次轧件出口厚度；

（3）能够显示仿真过程中各个参数变化情况；

（4）可以在仿真开始前和仿真过程中控制和改变参数值；

（5）可以控制仿真模型的启动、暂停和停止。

根据以上要求所得到的用户界面如图 14-3 所示[3]。

所建连轧工程静态图形用户界面由 A、B、C、D 四个区块构成。

A 区块是轴（Axes）控件，用于显示轧钢机轧辊的基本轮廓，轧制过程中轧机设备运动状态，工件的位置、运动状态等。B 区块是若干文本显示控件，分别显示轧制力（Rolling Force）、张应力（Tension）、凸度（Convexity）和轧辊转速（Roll Rotation Speed）等的实时数值。C 区块由滚动条控件组成，分别用于调节轧机转速和轧机辊缝。D 区块由数个控制按钮组成，分别用于启动仿真模型

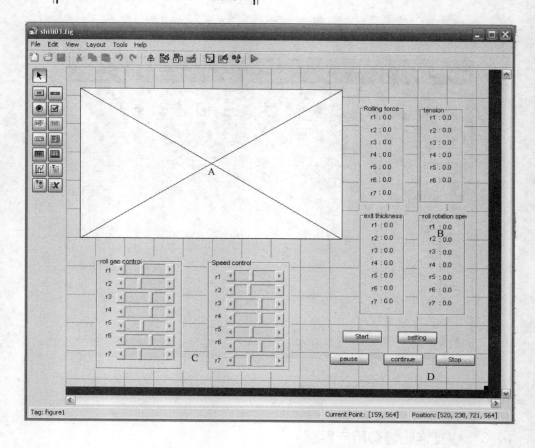

图 14-3　用户静态图形界面设计图

（Start），暂停仿真模型（pause），继续仿真模型（continue），停止仿真模型
（Stop），设置轧制模型的参数（setting）。用于显示轧制过程中各参数的数值部分
包括两个区域：图形显示模块和参数显示模块。图形显示区包括轧机和活套，用
以显示轧件的位置和活套的运动状态。参数显示模块中，区域 1 显示轧制力，区
域 2 显示各个道次的轧件出口厚度。参数显示区由一系列的文本显示组件组成，
用于显示轧制过程中各个变量参数的数值，它们是轧制速度、轧制厚度和轧
制力。

　　图 14-4 为激活之后的静态用户界面。图 14-4 中，参数设定是仿真的前提。
点击参数设定按钮 setting 弹出如图14-5的参数设定窗口界面。

　　本界面可以对轧力、辊缝、轧制速度和带钢凸度进行计算设定。根据上文
中提到的计算各个轧制量的计算公式，编写出了计算各个轧制量的程序代码。在
窗口界面中输入需要的各个系数值，就可以得到各个轧制量的初始值。设定窗口
界面中所示的数值为仿真参数计算模型系数的预设值。用户可以根据需要直接调

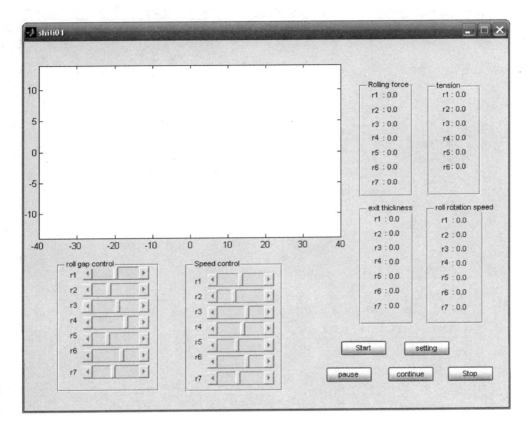

图 14-4 静态用户界面运行效果图

用预设值，或者将预设值修改后进行仿真参数的计算。

  启动按钮 Start 是后台调入模块化连轧仿真程序的命令，交付所有压下规程设定和轧件参数数据，并准备开始运算，运行中间数据通过函数传递给用户前台界面。

  停止按钮的作用就是结束和关闭仿真模块，实现仿真的终止操作。

  compute 按钮是进入计算控制按钮，参数设定按钮的作用就是设置轧机和板坯的仿真参数，使仿真模型可以用于各种各样的轧制生产过程。由于在实际轧制生产中，轧机的参数有很多，各道次轧机的参数也不一定相同，因而该界面下，可以有多种方式选择。

  速度调节滑块用于仿真过程中电机的转速调节，实现对轧辊速度的在线调节，使得仿真过程中张力和活套量保持恒定。

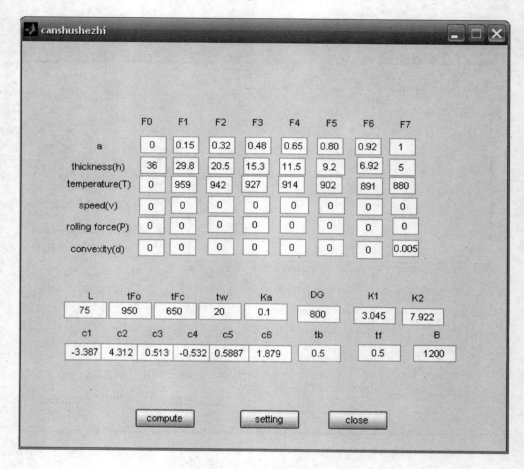

图 14-5　参数设置界面

14.4　连轧仿真动画设计

在交互操作界面下，用户可以很容易地对参数进行重新设定。通过修改这些参数，用户可以很方便地对许多不同的轧机设备和轧制工艺进行仿真。

14.4.1　参数设定界面

点击图 14-5 的 compute 按钮，启动调入内存的连轧模块计算公式，计算得到各道次的轧制力、辊缝、轧制速度和带钢凸度等初始值。后台计算已经包括各种反馈平衡和闭环控制，反映系统运行的动态状态。如果计算结果与自己期望值有偏差，可以直接将平衡关系加以修改，尽可能使其符合实际过程各参数的变化。当然，用户也可以提供各个轧制量的值，填到相应的方框中。在确认数值无误之后，点击 setting 按钮，完成对 Simulink 连轧仿真模型预设定值的输入和更改。

对于一些涉及多个参数的变量，就需要在参数设置完成后进行判断，例如咬入条件的判断。咬入条件的判断涉及轧件厚度、轧件速度、轧辊直径等参数。因而需要这些参数都设置完成之后再进行判断。

14.4.2　实时数据交互

交互式仿真操作是对仿真过程中参数进行实时修改和显示，使得仿真过程具有实时性。连轧仿真实现交互式仿真操作，使仿真操作过程更接近于现场实际情况，在教学和培训中可以作为演示性模拟。

以 MATLAB 图形用户界面和 MATLAB/Simulink 中的 S 函数作为数据交换的基础，实现 MATLAB 图形用户界面和 MATLAB/Simulink 热连轧模型间的数据交互。

热连轧精轧机组交互式仿真控制界面的功能是从窗口交互式输入板宽、板厚、板坯出口速度、来料温度、材料名称、各机架摩擦系数及轧辊直径和轧制速度等。点击"运行"按钮后，调用后台的轧制模型进行计算，在界面中输出各机架的轧制力、出口厚度、轧制区变形抗力、各机架出口速度、各机架轧制力矩、张力和活套量等数据。在运行时，当轧制力、出口厚度、张力和活套量出现偏差时，通过辊缝调节按钮和轧辊转速调节按钮，将轧制力、出口厚度、张力和活套量调节到目标数值。实现仿真的实时控制，模拟现场轧制过程。

14.4.3　实时交互仿真界面操作

在轧制仿真开始之后，随着轧制仿真进行，轧件逐渐由第 1 架轧机运动到第 2 架轧机，如图 14-6 所示。

在轧件进入第 2 架轧机后，活套支撑器开始抬起，建立张力，并控制张力大小，如图 14-7 所示。

在此之后，轧件逐渐通过第 3 架轧机等，依次建立第 2 个活套张力轧制，如图 14-8 所示。

依次下去，7 架轧机都建立支撑器活套。

在轧机顶起轧件时，由于电机来不及抵御新加负荷，会使轧机产生动态速降，活套高度不一定合适，此时，通过速度控制滑块调节轧机速度，使轧机转速回复到设定值，来稳定活套大小和张力大小。

在上述模型的基础之上，通过对仿真模型的修改和扩充，很容易得到精轧机组的仿真模型和交互式用户平台界面，如图 14-9 所示。

图 14-10 的计算在后台，计算的支撑器高度参数传递到前台，反映出轧制过程活套支撑器的动作结果。

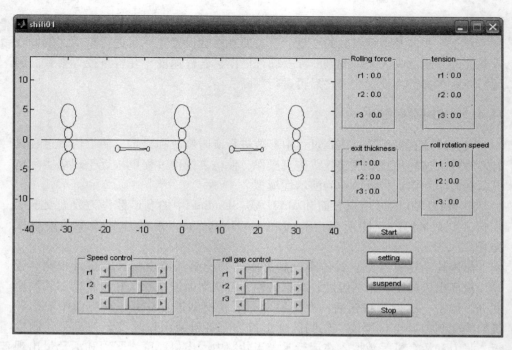

图 14-6 活套支撑器初始状态

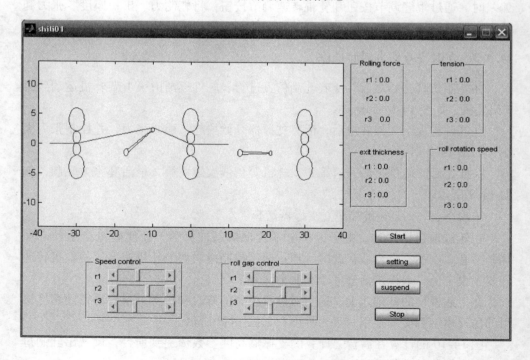

图 14-7 活套支撑器顶起第 1 个活套

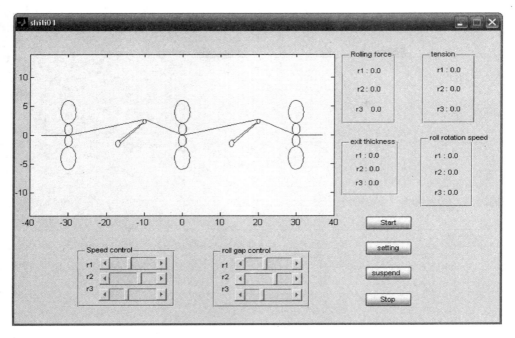

图 14-8 第 2 架支撑器顶起示意图

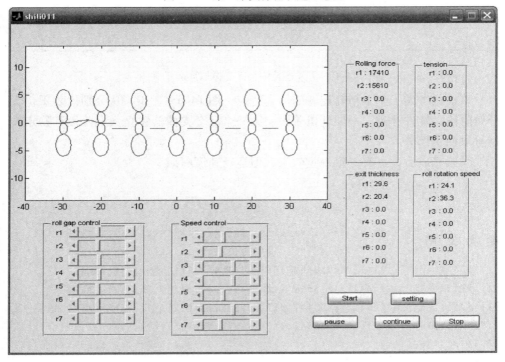

图 14-9 7 架连轧中第 1 架支撑器顶起示意图

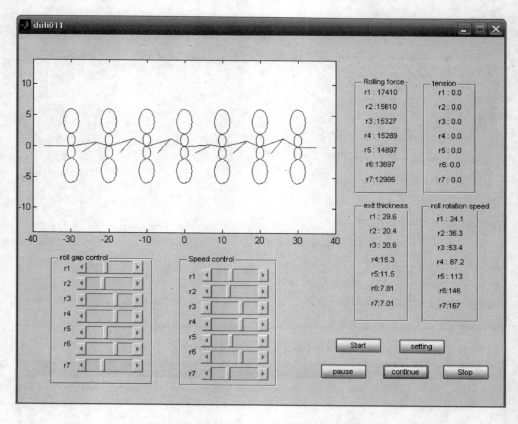

图 14-10　7 架连轧中全部支撑器顶起示意图

　　该动画考虑了整个精轧连轧的活套特点。图 14-6 ~ 图 14-10 分别代表了仿真开始阶段、轧件穿过第一架轧机阶段、第一个活套支撑器建立张力阶段和稳定轧制阶段四个部分。

　　动画完成后，具有一定视觉效果，但运行速度骤减。

参 考 文 献

[1] 甄立东. 西门子 WinCC V7 基础与应用 [M]. 北京：机械工业出版社，2011.

[2] 张志涌，等. 精通 MATLAB6.5 [M]. 北京：北京航空航天大学出版社，2003.

[3] 冯惕，王俭. 基于 S- 函数计算机控制算法的 Simulink 仿真 [J]. 福建电脑，2006（12）：117 ~ 119.